国际水平职业教育专业教学标准
机电设备安装与维修专业名师培育工作室

推荐教材

工程应用物理

嘉红霞　编著

GONGCHENG YINGYONG WULI

 上海科学技术出版社

国家一级出版社
全国百佳图书出版单位

内 容 提 要

本教材以职业教育国际水平专业教学标准的先进理念为指导,依据教育部发布的《中等职业学校物理教学大纲》中规定的教学内容,以工科类职业教育教师及学生为对象,兼顾基础模块和职业模块的教学需求编写而成。内容包括静力学分析、直线运动及曲线运动分析、牛顿运动定律及其应用、物体的平衡、机械能及能量守恒、静电场、恒定电流、磁场及电磁效应、交变电流、液体性质及其应用、气体的性质及其应用等。本书注重理论与实践相结合,讲述理论的同时,辅以大量工业应用实例,旨在突出物理作为一门理论基础学科对生产实践的指导意义。

本书可作为工科类职业教育的物理教材,也可作为自学人员的自学用书。

图书在版编目(CIP)数据

工程应用物理/嘉红霞编著. —上海:上海科学技术出版社,2017.3(2022.7重印)
国际水平职业教育专业教学标准推荐教材
ISBN 978-7-5478-3425-1

Ⅰ.①工… Ⅱ.①嘉… Ⅲ.①工程物理学-中等专业学校-教材 Ⅳ.①TB13

中国版本图书馆 CIP 数据核字(2017)第 007024 号

工程应用物理
嘉红霞 编著

上海世纪出版(集团)有限公司
上海科学技术出版社 出版、发行
(上海市闵行区号景路159弄A座9F-10F)
邮政编码201101 www.sstp.cn
上海展强印刷有限公司印刷
开本787×1092 1/16 印张9.75
字数210千字
2017年3月第1版 2022年7月第3次印刷
ISBN 978-7-5478-3425-1/TB·7
定价:40.00元

前　言

　　本教材以《上海市中等职业教育改革发展特色示范学校创建工作计划》和《上海市职业教育国际水平专业教学标准试点实施工作方案》为指导，为促进学校内涵发展，加快专业建设，按照上海市职业教育国际水平机电专业教学标准的要求，遵循教育部发布的《中等职业学校物理教学大纲》中规定的教学内容，以工科类职业教育包括机械类、建筑类、电工电子类等专业的学生为对象编写而成。目的是在九年义务教育的基础上，使接受职业教育的学生进一步学习和掌握物理基础知识，了解物质结构、相互作用和运动的一些基本概念和规律，了解物理的基本观点和思想方法，培养和提高学生利用基础理论分析和解决实际问题的能力。

　　本书根据专业学习的需要和行业的需求将《中等职业学校物理教学大纲》设置的教学内容中的基础模块必备知识及职业模块应掌握的知识进行了融合，以供有需要的学校选择。

　　按照目前职业教育教材常规的项目化教学模式，本书将全部内容分为三个模块，每个模块下设置若干项目，在项目中首先进行项目描述，以日常生活或生产中的常见现象或问题引出该项目的内容，在详细阐述了相关理论知识后以项目实施的方式来解决项目描述中提出的问题,最后采用练习的方法引导学生加强和巩固已学知识,培养学生理论与实践相结合的能力。

根据工科类职业教育面对的行业性质,本书内容分三个模块共 13 个项目。模块一为机械工程中的运动和力,包括力与受力的分析、直线运动、牛顿运动定律及其应用、曲线运动、旋转运动与力矩、机械能与能量守恒;模块二为机械工程中的直流电和交流电,包括静电场、恒定电流、磁场、电磁感应及其应用、交变电流;模块三为机械工程中的流体及其应用,包括液体性质及其应用、气体性质及其应用。

本书最大特色是以大量实例将物理基础理论知识与生产实践融合,旨在向学生阐述物理作为基础理论学科对生产实践的指导作用,培养接受职业教育的学生将理论用于实践的能力,并为将来的职业生涯打下坚实的理论基础。

本书在编写的过程中参阅了许多同类优秀教材,在这里表示衷心的感谢。由于编者水平有限,书中难免出现疏漏和错误之处,恳请读者批评指正。

编　者

目录

模块一 机械工程中的运动和力

模块二　机械工程中的直流电和交流电

模块三　机械工程中的流体及其应用

模块一　机械工程中的运动和力

项目一　力与受力分析

项目描述

在日常生活或工业生产中，通常可以见到这样的现象：静止的物体运动起来，运动的物体会慢慢静止下来，或者运动物体的速度大小、方向发生了变化。这些现象我们称为物体的运动状态发生了变化。

还有一些现象，如：弹簧被拉伸或细棒被压弯等，这些物体发生了形状变化。

无论是物体的运动状态发生变化还是形状发生变化，都是由于物体受到其他物体作用的结果。

而且，一个物体还往往会受到多个力的作用，如开车时，有人用一只手转动方向盘，有人用两只手同时转动方向盘；建筑工地上的起重机，有的采用一根钢丝绳提升重物，也有的采用两根甚至多根钢丝绳一起提升重物。

那么，当一个物体受到多个力的作用时，其最终的效果到底是怎样的？与只有一个力的作用时的效果是否不同或是否可以完全相同？或者当一个物体具有较复杂的运动时，是否可以分析清楚该物体到底受到哪些方向的力的作用？

本项目的主要内容是学习力的相关知识，了解力的相关概念、力的表示方法及力的种类及其作用效果；学习对多个力进行合成及对一个力进行分解，以便于对力的作用效果进行更透彻的分析。

相关理论

一、力和力的图示

物体与其他物体间的相互作用称为**力**，物体间产生的相互作用力会改变物体的运动

图 1-1　力的图示

状态或者会使得物体的形状或体积发生变化。力的单位是牛顿，符号为 N。

力是既有大小又有方向的矢量，可以用带箭头的线段来表示。按照一定的比例画一根带箭头的线段，其长短表示力的大小，箭头的方向代表力的方向，线段所在的直线叫作力的作用线。这种表示力的方法叫作**力的图示**，如图 1-1 所示，其中竖直向上的带箭头线段表示桌子施加给桌上物体的作用力 F。

二、力的种类

1. 重力

1）万有引力的概念

自然界中所有物体之间都存在相互吸引力，桌面上放置的两本书、种在地上的两棵树、宇宙中的两颗星球等，互相之间都有吸引力，而且相互吸引力的大小会随着物体之间的距离增加而减小。这种物体间的相互吸引力叫作**万有引力**。

万有引力是物体之间的相互作用，物体 A 对物体 B 有引力，反之，物体 B 对物体 A 也有相同大小的引力。

2）重力

重力是万有引力的一种，是地球对地球表面附近所有物体具有的吸引力。这种由于地球的吸引力而使物体受到的力叫作**重力**。物体的重力 G 与物体的质量是成正比的，表达为

$$G = mg \qquad (1-1)$$

其中，m 为物体质量；g 称为重力加速度或自由落体加速度，根据实际测量，一般取 $9.8\,\mathrm{N/kg}$。

在工业生产中，重力有很多方面的应用，如各类重力式卸货设备、重力式给料机等。这类设备在卸货或给料的时候，利用了物料的自重，如图 1-2 所示为一翻斗式提升机，当翻斗翻转，被提升后的物料就会因为自身重力而卸落，卸落过程中不再需要其他设备施加额外的驱动力。

图 1-2　重力式机械设备

3）重心

力都是矢量，既有大小又有方向，重力也不例外。由于重力是地球对物体的吸引而产生的，所以重力的方向始终为竖直向下，朝向地心。

作为一个整体，一个物体的各部分都受到重力的作用，在用力的图示或示意图表示重力时可以认为重力是集中作用在物体的某一点上的，这一点就是物体的**重心**。

质量均匀分布的物体，重心位置只跟物体的形状有关。质量均匀且形状规则的物体，可以认为其重心就在物体的几何中心。如均匀球体的重心在球心、均匀圆柱体的重心在

圆柱体轴线的中心等,如图1-3所示。

　　质量分布均匀,而形状不规则的物体的重心可以通过悬挂法来找到,如图1-4所示。首先通过细绳从A点将物体悬起,在物体上画出此时悬绳的反向延长线为AB;再将细绳悬于C点,在物体上画出悬绳的反向延长线为CD,则物体的重心就在AB与CD的交点处。

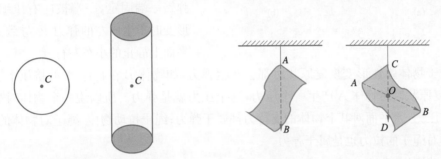

图1-3　质量均匀分布物体的重心　　　　图1-4　形状不规则的物体的重心确定方法

　　如果物体质量分布不均匀,则其重心除了和形状有关之外,还与质量的分布情况有关,其重心位置需要做更深入的计算。如图1-5所示,载重卡车装载货物的位置及货物重量不同,其重心位置也不相同。

图1-5　质量分布不均匀物体的重心

　　2. 弹力

　　1)弹力的概念

　　物体受到力的作用,力的作用效果表现在两个方面:一是物体运动状态可能发生改变,二是物体形状或体积会发生改变。物体的形状或体积的变化称为**物体的形变**。

　　不同的物体受到大小相同的力的作用,其形变往往是不同的,这与物体的材质及形状有关。有的物体变形量很小,无法用肉眼观察到,如用力按压木质桌面;有的物体变形量较大,如用力拉伸或压缩弹簧。

　　物体受力发生形变后,如果撤去作用力时能够恢复原状,这种形变叫作**弹性形变**。但物体发生形变后并不总是能恢复原状,如果物体形变过大,超出物体具有的弹性限度,作用力撤除后物体是不能完全恢复原来的形状的,这个限度称为**弹性限度**。

　　发生弹性形变的物体在外力撤销后会恢复原状,这是这些物体都具有的特性。发生弹性形变的物体在恢复原状时,会生产一个力作用在与它接触的物体上,这个力称为**弹力**。弹力的方向总是与物体恢复形变的方向是一致的。

如图 1-6 所示为弹簧被拉伸或压缩时对与其接触的物体的作用。(a)图所示表示弹

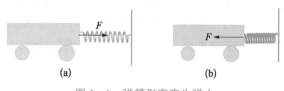

图 1-6 弹簧形变产生弹力

簧一端固定，一端被向左拉伸，恢复形变时产生向右的弹力 F，导致光滑水平面上静止的小车右行；(b)图所示表示弹簧一端固定，一端被向右压缩，恢复形变时产生向左的弹力 F，导致光滑水平面上静止的小车左行。

由于物体弹性形变恢复原状时都会产生弹力，如物体 B 在物体 A 的挤压下发生形变，恢复原状时对物体 A 产生一个压力，这个压力就是弹力。所以说一个物体对另一个物体的压力、水平面对其上物体的支持力都属于弹力；绳子拉动物体，绳子对物体的拉力，及物体对绳子的拉力也是属于弹力。

2）胡克定律

弹力的大小与物体形变大小有关，一般来说，物体形变量越大，恢复形变时产生的弹力就越大，形变消失，弹力也会随之消失。

对一个单纯的弹簧来说，其形变产生的弹力 F 可以用**胡克定律**进行计算：

$$F = kx \qquad (1-2)$$

其中，x 是弹簧被拉伸或压缩的变形量，单位为 m；k 为弹簧的弹性系数，单位为 N/m。

弹簧的弹性系数 k 与弹簧的材质有关，不同材质的弹簧，弹性系数 k 是不一样的。

弹力与弹簧形变量的关系如图 1-7 所示，弹簧一端固定，没有形变，另一端被拉伸，在弹簧的弹性系数一定的情况下，弹性力与弹簧形变量是呈正比的，弹簧形变量越大，产生的弹性力就越大，因此图中 $F_2 > F_1$。

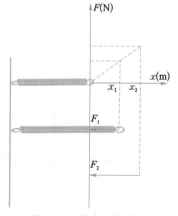

图 1-7 弹力与弹簧形变量的关系

3. 摩擦力

摩擦力是指两个相互接触的物体，当它们发生相对运动或具有相对运动趋势时，在接触面上产生的阻碍物体间相对运动或相对运动趋势的力。根据相互接触的物体之间是否有相对运动还是只有相对运动的趋势，摩擦力可以分为静摩擦力和动摩擦力。

1）静摩擦力

两个相互接触的物体之间只有相对运动的趋势而没有相对运动时，物体之间产生的摩擦力称为**静摩擦力**。静摩擦力的方向总是沿着两个物体的接触面，并且跟物体相对运动趋势的方向相反。

当一个静止于水平面上的物体受到推力或拉力而又没有运动时，物体与水平面之间就产生了静摩擦力。此时物体仍然处于静止状态，根据力的平衡可知，物体与地面之间的

静摩擦力大小应该等于物体受到的推力或拉力,方向与推力或拉力相反。所以,物体受到的推力或拉力越大,与地面之间的静摩擦就越大;而当推力或拉力继续增加,物体相对地面产生运动的一瞬间,静摩擦力到达最大值,之后静摩擦力变为动摩擦力,这个最大静摩擦力在数值上等于物体刚刚开始运动瞬间受到的推力或拉力。

2) 动摩擦力

一个物体在另一个物体表面有相对运动而产生的摩擦力就是**动摩擦力**。动摩擦根据物体运动是滑动还是滚动的方式又分为滑动摩擦和滚动摩擦。

(1) 滑动摩擦。

一个物体在另一个物体表面滑动时受到的阻碍力称为滑动摩擦。滑动摩擦的方向总是沿着物体接触面,并且跟物体运动方向相反。

滑动摩擦力的大小跟物体间压力是成正比的。设滑动摩擦力为 F,物体之间的压力为 F_N,则有

$$F = \mu F_N \tag{1-3}$$

其中,μ 为动摩擦因数,是一个常数,没有单位。动摩擦因数不仅与相互接触的物体的材质有关,而且还和物体表面的粗糙度有关,改变接触物体的材质,动摩擦因数会改变,材质不变的情况下,接触表面越粗糙,物体相对滑动受到的滑动摩擦力也会越大。

机械设备中机构或零部件在做相对运动时,基本都会受到滑动摩擦力的作用。如图 1-8 所示,机械设备中常用的滑动轴承,当轴承内圈随着旋转轴转动时,内圈会相对外圈滑动,此时会受到外圈滑动摩擦力的作用。

图 1-8　滑动轴承

(2) 滚动摩擦。

为了减小滑动摩擦力,有的物体的底部会被装上轮子,如行李箱、车间里运输原材料的人力推车等。当一个物体在另一个物体表面滚动时,两个物体之间的摩擦力就变成了**滚动摩擦**。在相等的压力下,滚动摩擦比滑动摩擦要小很多,所以滚动摩擦通常忽略不计。

如图 1-9 所示为机械设备中常用的滚动轴承,这是滚动摩擦的典型应用。滚动轴承内圈和外圈之间安装有滚珠,因此在轴承内、外圈有相对运动时,摩擦力会大大减小。

图 1-9　滚动轴承是滚动摩擦的典型应用

三、力的合成与分解

1. 力的合成

当一个物体受到多个力的共同作用时,物体表现出的运动状态就是这些力共同作用的结果。如果用一个力来表

现这些力共同作用的效果,这个效果相同的力就称为共同作用在物体上的几个力的**合力**,而原来共同作用的力称为这个合力的**分力**。

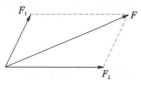

图 1 – 10　力的平行四边形定则

求一个物体上多个作用力的合力的过程叫作**力的合成**。

1) 两个力的合成

两个力合成的方法称为**平行四边形定则**,以表示这两个力的线段为邻边做平行四边形,这两个邻边之间的对角线就代表合力的大小及方向。如图 1 – 10 所示,F_1 与 F_2 是物体受到两个力,根据力的平行四边形定则,F 即为两个力的合力。

2) 多个力的合成

如果有两个以上的力作用在同一物体上,也可以用平行四边形定则求出合力:先求任意两个力的合力,再求出这个合力跟第三个力的合力,直到把所有的力都合成进去,最后得到的结果就是这些力的合力。如图 1 – 11 所示,F_1、F_2 及 F_3 的合力为 F。

3) 平行四边形定则求合力的适用范围

采用平行四边形定则进行力的合成只适应于共点力。

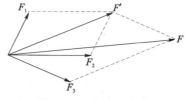

图 1 – 11　多力的合成

如果一个物体所受到的多个力都作用在同一个点上,或者即使不作用在一个点上,但力的作用线能交于一点,这样的一组力称为**共点力**。如图 1 – 12(a) 所示,三根钢丝绳交点处所受的三个力 F_1、F_2 及 F_3 为共点力。另外一种情况则是这些力不仅没有作用在同一个点上,它们的作用线也不能交于一个点,这一组力就不是共点力,如图1 – 12(b) 所示,图中横梁受到的力 F_1、F_2 不是共点力。

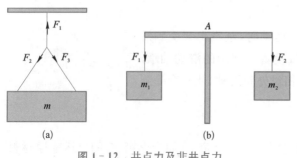

图 1 – 12　共点力及非共点力

2. 力的分解

求一个力的分力的过程叫作**力的分解**。力的分解是力的合成的逆运算,同样遵循平行四边形定则。把一个已知力 F 作为一个平行四边形的对角线,与力 F 共点的平行四边形的两个邻边就是 F 的两个分力。

在实际操作中,对于同一条对角线,可以分解出无数个不同的平行四边形。就是说,同一个力可以分解为无数对方向和大小不同的分力,如图 1 – 13 所示,其中 F_1 和 F_2,F_1' 和 F_2',F_1'' 和 F_2'' 都是力 F 分解出的两个分力。一个力究竟要怎样分解要根据实际情况而定。

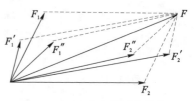

图 1 – 13　一个力可以分解为无数对分力

四、物体的受力分析

物体受到力的作用会使物体运动状态发生改变,因此对物体的受力情况进行分析是了解物体运动状态的必要手段。物体的受力分析是找出物体受到多少个力的作用、各力的大小、方向及作用点等。

在进行物体的受力分析时,先根据物体受力的种类来判别物体是否受到某一种类的力,物体受到的力主要有三种:重力、弹力和摩擦力。重力是地球施加给所有物体的力,重力的作用点为物体的重心,方向总是竖直向下。两个互相接触的物体,其接触面互相挤压或牵引时,接触面会因为形变产生弹力,这种弹力被称为压力或拉力,是由互相接触的物体施加给对方的,力的方向总是与接触面垂直。当两个相互接触的物体有相对运动或相对运动的趋势的时候,接触面会对相接触物体产生摩擦阻力,摩擦力的方向总是与接触面平行。

项目实施

工业生产中的机械设备各机构或子系统在工作时总是受到力的工作,对机构的受力进行分析,有助于机构的合力设计及零部件的选型。而且运动机构总是受到多个力的复合作用,机构的运动状态是在多个力的合力的共同作用下实现的,其作用效果分析需要对力进行合成;另一方面,如果要清楚地分析机构的运动,将所受的力进行适当的分解之后再进行分析是一个必要的手段。

本项目实施的目的就是在学习相关理论的基础上学会物体受力分析、区分受力种类、掌握力的分解及合成,然后进行力的计算。

一、实施示例

(1) 图 1-14 所示的物体静止在非光滑的斜面上,分析该物体的受力情况。

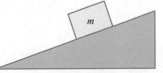

图 1-14 静止在非光滑斜面上的物体

因为物体在斜面上处于静止状态,在沿着斜面的支持面方向和垂直支持面方向都没有运动,但是沿着斜面的方向由于自身重力的影响具有与斜面相对运动的趋势,所以物体除了受到重力 G 的作用、斜面对物体的支持力 F_1 之外,还受到斜面对物体的静摩擦力 F_2 的作用。物体的受力示意图如图 1-15 所示。

(2) 图 1-16 所示的静止在非光滑斜面上的物体,受到三个力的作用,现对物体重力 G 进行分解。

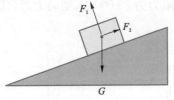

图 1-15 静止物体受力示意图

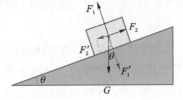

图 1-16 物体重力的分解

分析:由于一个相同的力可以分解为多对平行力,所以在分解重力时需要先分析物体的实际情况,该例中物体静止在斜面上,在斜面垂直方向及平行方向还有其他力的作用,从静止物体受平衡力的角度考虑,可将重力也分解为沿斜面垂直及平行方向的分力,如图 1-16 所示。

从上图可知,重力 G 分解为 F_1' 和 F_2',而 F_1' 和 F_2' 是相互垂直的,这种力的分解方式称为力的**正交分解**。

（3）如图 1-17 所示的岸边集装箱装卸桥（简称岸桥）是集装箱码头上的主要装卸设备,其海侧大梁由固定于门架上的拉索支撑,拉索与水平面成固定角度 θ,小车机构沿着大梁由陆侧匀速运行至海侧,当运行至拉索在大梁上的固定点位置（见图中 A 位置）时,分析该位置受力情况。

图 1-17 岸边集装箱装卸桥

这里将小车机构本身、司机室及集装箱吊具和集装箱看作一个整体,对岸桥海侧大梁部分进行简化,拉索固定位置受力示意图如图 1-18 所示:

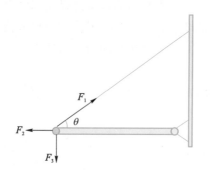

图 1-18 拉索固定位置受力示意图　　　　图 1-19 组合机床动力滑台

分析:当小车机构带动负载行至海侧大梁拉索固定位置时,该位置受到的力包括三个,分别是拉索的拉力 F_1、大梁对该位置的支撑力 F_2 及小车负载对该点的拉力 F_3,由于 F_3 是负载施加的竖直向下的拉力,所以该力与负载的总重力 G 是相等的。

（4）动力滑台是机床中实现刀具进给运动机构,是机床的主要部件之一。某组合机床的动力滑台如图 1-19 所示,其在导轨上做匀速进给运动切削工件（称为工进）,已知动力滑台及其上工作机构总质量 m 为 100 kg,导轨滑动摩擦因数 μ 为 0.2,求动力滑台受到的滑动摩擦力为多少? 设动力滑台匀速切削工件时切削阻力为 25 000 N,则动力滑台应被施加多大驱动力?

分析:动力滑台在导轨上做匀速进给运动切削工件时,一共受到四个力的作用。分别是动力滑台及其上工作机构的重力 G、导轨对滑台的支持力 F_1、动力滑台匀速工进时的摩擦力 F_2、切削工件时工件对滑台的阻力 F_3、动力滑台的驱动力 F_4,如图 1-20

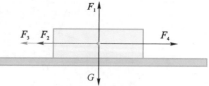

图 1-20 动力滑台匀速工进时的受力分析

所示。

　　① 动力滑台对导轨的压力即为动力滑台的重力,由公式(1-3)可知滑台与导轨间的滑动摩擦力为

$$F_2 = \mu F_N = \mu G = \mu m g = 0.2 \times 100 \times 9.8 = 196 \text{ N}$$

　　② 动力滑台在导轨上做匀速运动,根据力的平衡可知,动力滑台所需驱动力:
$F_4 = F_3 + F_2 = 25\,000 + 196 = 25\,196 \text{ N}$

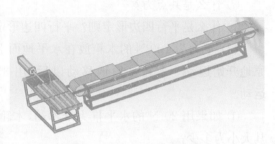

　　(5) 一个皮带输送设备上静止放着待输送货物,如图1-21所示。已知,皮带输送机倾斜安装,与地面的夹角 θ 为15°,货物的质量 m 为50 kg。试分析货物的受力情况,并计算各力的大小。

图1-21　皮输送机示意图

　　分析:静止在倾斜皮带输送机上的货物除受到重力 G、输送机对它的支持力 F_1 之外,由于货物在倾斜面上有下滑的趋势,所以还受到皮带输送机表面的静摩擦力作用 F_2,受力示意如图1-22所示。

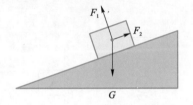

图1-22　货物的受力分析

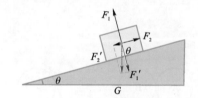

图1-23　货物的重力分解

　　因为货物此刻处于静止状态,在沿着皮带输送机的支持面方向和垂直支持面方向都没有运动,根据二力平衡条件,那么必然有一个力与 F_1 平衡,还有一个力与 F_2 平衡。这两个分别与力 F_1 和 F_2 平衡的力即为重力 G 在沿着皮带输送机的支持面方向和垂直支持面方向的两个分力。按照平行四边形定则分解重力 G,可得图1-23。由图可知,重力 G 被分解为 F_1' 和 F_2' 两个相互垂直的分力,已知 θ 为15°,得

$$F_1' = G\cos\theta = mg\cos\theta = 50 \times 9.8 \times \cos 15° = 473.304 \text{ N}$$

$$F_2' = G\sin\theta = mg\sin\theta = 50 \times 9.8 \times \sin 15° = 126.821 \text{ N}$$

所以,$F_1 = F_1' = 473.304 \text{ N}$,$F_2 = F_2' = 126.821 \text{ N}$。

二、实施练习

(1) 学习相关理论知识,思考下列问题。

① 力作用在物体上会产生哪些作用效果?

② 重力是怎么产生的? 重力的方向是怎样的? 重力的大小怎样计算?

③ 弹力产生的条件有哪些? 弹力的大小怎么计算?

④ 一个物体对另一个物体的压力、水平面对其上物体的支持力、绳子对物体的拉力等都属于弹力,这些力的方向是怎样的?

⑤ 摩擦力产生的条件是什么? 摩擦力的大小和方向怎么确定?

⑥ 什么是合力和分力?

⑦ 什么是共点力?

⑧ 什么是平行四边形定则? 平行四边形定则的适用限制是什么?

(2) 重力为 100 N 的木箱放在水平地面上,至少要用 40 N 的水平推力才能使它从原地开始运动。木箱从原地移动以后,用 35 N 的水平推力就可以使木箱继续匀速运动。

① 如果用 20 N 的水平推力推木箱,木箱所受的摩擦力是静摩擦力还是动摩擦力? 其大小为多少?

② 木箱与地板间的最大静摩擦力为多少? 木箱匀速运动所受的滑动摩擦力是多少? 木箱与地面间的滑动摩擦因数是多少?

(3) 一根弹簧原长 10 cm,在它下面挂上重为 4 N 的物体后弹簧的长度变为 12 cm,则在它下面挂上重为 3 N 的物体时,弹簧长为多少?

(4) 分析图 1-24 中物体 A 的受力情况,画出其受力示意图。

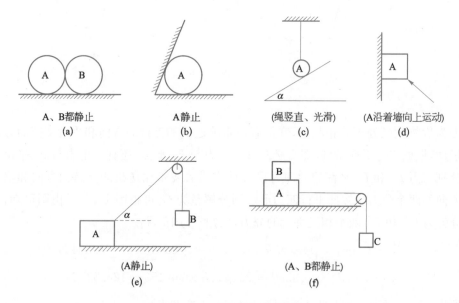

图 1-24　实施练习(4)题图

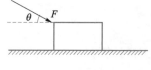

图 1-25　实施练习(5)题图

(5) 如图 1-25 所示,重 200 N 的物体在与水平面成 30°角的斜向下的推力 F 的作用下匀速前进,物体与地面间的滑动摩擦因数 $\mu = 0.4$。试求推力 F 及地面对箱子的摩擦力。

（6）如图 1 - 26 所示，质量为 10 kg 的三角形物体 ABC 静止放在粗糙水平地面上，与地面间的滑动摩擦因数为 $\mu=0.02$。三角形物体的斜面与水平面之间的倾角 θ 为 30°，其上有一质量为 1 kg 的物块沿斜面下滑，则物块下滑过程中，地面对三角形物体的摩擦力为多少？其方向是怎样的？

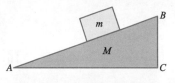

图 1 - 26　实施练习(6)题图

要点小结

一、力的图示与力的示意图不同

力的图示与力的示意图是两个不同的概念。力的图示要求严格，表示力的线段要求按照一定的比例画出，标上刻度，其长短严格代表力的大小，箭头的方向代表力的方向；而力的示意图只着重于力的方向，只要求用箭头正确表达力的方向，线段长短不做标度，不需要准确表达力的大小。

二、力可以按照不同方式分类

在力学中，力可按照性质及效果进行不同分类。

按照力的性质可分为重力、弹力、摩擦力三类，拉力、压力或支持力都属于弹力；按力的效果可分为拉力、压力、支持力、动力、阻力等。

性质相同的力效果可以不同，也可以相同；效果相同的力性质可以相同，也可以不同。

三、共点力的大小、夹角与其合力之间的关系

在力的合成中，如果已知两个共点力的大小分别为 F_1 和 F_2，力之间的夹角为 θ，那么在 F_1 和 F_2 大小不变的情况下，F_1 和 F_2 之间的夹角 θ 越大，合力 F 的大小就越小；反之，F_1 和 F_2 之间的夹角 θ 越小，合力 F 的大小就越大。

四、受力分析

对物体进行受力分析，可按下列一般方法进行：

（1）按照先重力，再弹力，最后摩擦力的顺序进行受力分析，画出受力示意图，按照这样的顺序分析受力可以防止遗漏。

（2）分析受力的过程中，要找到它的施力物体，没有施力物体的力是不存在的，这样可以防止多力。

受力分析之后，还可以按照下列三个判断依据来验证受力分析是否正确：

（1）寻找施力物体，看某一力是否有施力物体，没有施力物体的力是不存在的。

（2）从力的性质来判断，寻找力产生的原因，找不出产生原因的力也是不存在的。

（3）从力的效果来判断，寻找受力物体是否产生形变或改变了运动状态。

项目二　直　线　运　动

项目描述

在日常生活、生产中，运动随处可见，人或汽车在公路上奔跑、机床上的动力滑台在导轨上滑动、起重机提升货物等。但是各物体的运动状态又是不尽相同的，如物体的运动快慢不同、方向不同、运动的距离、运动快慢的变化不同等。

工业生产中使用的机械设备中各机构或子系统的运动直接关系到设备是否能正确或性能更佳地执行功能，如机床设计时，选取合适的动力滑台加速时间及快进速度可以适当提高机床的工作效率，而选取的工进速度是否合适则直接关系到动力滑台上刀具的切屑能力。

本项目的主要内容是了解机械运动相关概念及其描述方法、掌握匀速直线运动及匀变速直线运动相关概念、理论及其在机械工程中的应用。

相关理论

一、机械运动及其描述

物体的空间位置随时间发生变化称为**机械运动**。

1. 质点和参照物

1）质点

物体都有一定的形状及大小，物体上各部分的运动情况一般都不是完全相同的，要准确地描述一个物体上各点的运动是很困难的。在实际研究某些物体运动时，通常的做法是简化研究对象，忽略物体的大小和形状，把它们看作一个有质量的"点"，称为"**质点**"，实质就是只关心物体的整体运动情况。

一个物体是否能被看作一个质点，是由物体的实际运动状态决定的。如果研究的是一个物体整体的运动情况，不考虑各部分的运动差异，该物体可以看作是一个质点；如果仅仅只是研究物体某一部分的运动，这个物体不能看作是一个质点；当一个物体是一个弹性体或容易发生形变的物体，其弹性不可忽略的时候，该物体的运动也不能看作是一个质点的运动，如弹簧、橡皮筋、弹性较大的绳索或杆件等；如果一个物体的性质或大小不能忽略，但是物体上各点运动的差异很小，可以忽略不计，用物体上任意一点的运动都能说明整个物体的运动，这样的物体也可以看作一个质点。

2）参照物

自然界的一切物体都跟随地球在公转和自转，绝对静止的物体是不存在的，当说到某一物体是静止的,实际上是将该物体的空间位置与其他物体的位置做了比较。比如说房屋和树木是静止的,是因为房屋或树木相对地面来说空间位置没发生改变。所以在描述某一物体的机械运动及其规律时,通常会先选定一个其他物体作参考,研究该物体相对这个参考物体的位置是否随时间发生了变化,这个被选定作为参考的物体就是**参照物**或称参考系。

描述物体的机械运动时,参照物可以任意选择,选择不同的参照物观察同一物体的运动,其运动状态是不一样的,如两辆在马路上并行的汽车,如果一辆汽车以另一辆汽车做参照物,该汽车是静止的,因为两辆汽车之间没有发生位置变化;如果以地面为参照物,则该汽车是运动的。

2. 时间和位移

1) 时间与时刻

在研究物体的运动时,时间既可能指的是某一时刻,也可能指的是一段时间间隔。

时刻就是一个具体的时间点,如工厂早上 8:00 开工,工厂里的机床 8:00 启动,工作到 9:00 停止,这里的 8:00 和 9:00 就是指时刻。而机床的工作时间为 60 分钟,这个工作时间就是指一段时间间隔。在一般情况下,研究物体运动时的时间都是指时间间隔。

2) 路程和位移

路程是物体运动轨迹的长度。**位移**则表达物体从一点到达另一点的位置变化。如图 2-1 所示为路程和位移的区别,乘地铁从 *A* 点到 *B* 点走过的距离为路程,*A* 点与 *B* 点之间的直线距离为位移。

3. 速度和平均速度

1) 速度

速度是表达物体运动快慢的物理量。

比较不同物体的运动快慢通常可以采用两种方式:一种是在相同的时间间隔内,比较两个物体位移的大小,运动位移大的物体运动更快;一种是在具有相同位移的情况下,比较物体运动时间的长短,运动时间短的运动更快。

图 2-1 路程与位移

速度则是指用物体的位移与发生这个位移所用时间的比值来表示物体运动的快慢,速度用字母 v 表示。如果在 Δt 时间间隔内物体运动位移为 Δx,则速度 v 可由下式进行计算:

$$v = \frac{\Delta x}{\Delta t} \qquad (2-1)$$

在国际标准单位中速度的单位为米每秒(m/s 或 m·s^{-1})。当速度比较大时,还常用千米每小时(km/h)等单位。

速度是矢量,根据其定义式可知,速度的大小在数值上等于单位时间内的位移,而方向则为物体运动的方向。

2）平均速度与瞬时速度

在实际运动中，物体在一定时间间隔内其运动快慢并不一定是完全一样的，由式（2-1）可知，由该式计算出来的物体速度只表示在时间间隔 Δt 内的平均快慢程度，称为**平均速度**。

平均速度描述的是一段时间内运动快慢的一般情况。如果把时间间隔 Δt 取得非常小时，$\dfrac{\Delta x}{\Delta t}$ 表达的就是非常微小时间内的运动速度，就叫作物体在某一时刻的**瞬时速度**，瞬时速度表达的是物体在某一时刻运动的精确速度。

速度也是一个既有大小又有方向的矢量，瞬时速度的大小被称为**速率**。比如汽车或机械设备中仪表盘上显示的就是速率而不是速度。

二、匀速直线运动

1. 匀速直线运动的概念

物体的运动方向和瞬时速度总是保持不变的运动称为**匀速直线运动**。匀速直线运动中任何时刻的速度都是相同的，平均速度与瞬时速度是相等的，在相同时间间隔内其位移与路程也是相同的。

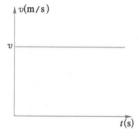

图 2-2 中表达的是某一物体做匀速直线运动时速度随时间的变化规律曲线，称为物体运动的 v-t 图像，坐标系的横轴是运动时间，纵轴表示运动速度。

由于物体做匀速直线运动，物体运动的速度任何时候都相同，不会随着时间的变化而变化，因此 v-t 图像是一条水平线。

图 2-2 物体运动的
v-t 图像

2. 匀速直线运动的位移

设某一做匀速直线运动的物体，从 t_1 时刻运行到 t_2 时刻，平均速度为 v，运动的时间间隔为 t_2-t_1，则该物体的位移可表达为

$$x = v(t_2 - t_1) \tag{2-2}$$

如果物体从运动初始 0 时刻运行到 t 时刻，则该时间间隔内的位移为

$$x = vt \tag{2-3}$$

从式（2-3）可知，物体在 0 时刻到 t 时刻的位移是 vt，从图 2-3 所示的图像中可以看到，如果从 t 时刻做一条平行于纵轴的直线与速度 v 图线相交形成的是一个矩形，物体的位移 vt 的大小就等于矩形的面积。

3. 位移的图像表示

做匀速直线运动的物体其位移与时间的关系也可以在坐标系里用图像表达，坐标系中横轴为时间，纵轴代表该时间内运动的位移。由于物体运动的速度是固定的，物体的位移会

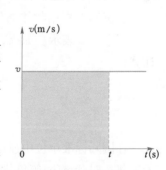

图 2-3 物体的位移等于
矩形的面积

随着时间的增加成比例地增长,因此其时间-位移图像是一条斜线。如图 2-4 所示。

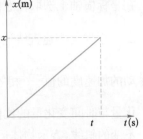

图 2-4 物体做匀速直线运动的时间-位移图像

三、匀变速直线运动

1. 加速度

1）加速度的概念

一个做直线运动的物体,如果速度不断改变,则称为变速直线运动。加速度是用来描述物体运动速度变化快慢的物理量。

一列普通火车起步后速度从 0 变化到 100 km/h 用了 100 s,而一列高速列车起步后速度从 0 变化到 100 km/h 只需 30 s,在速度变化相同的情况下高速列车所用时间更短,说明高速列车速度变化更快。

与速度的定义类似,速度变化量与发生这一变化所用时间的比值称为**加速度**。加速度通常用字母 a 表示,即:

$$a = \frac{\Delta v}{\Delta t} \tag{2-4}$$

其中,Δv 为物体运动速度的变化量,Δt 为速度变化所用时间。加速度的单位也是速度的单位比时间的单位,如m/s^2 或 km/h^2。

2）加速度的方向

加速度也是一个矢量,可采用图 2-5 所示的方法判断其方向。设物体初速度为 v_1,经过一段时间 Δt 之后速度变为 v_2,以初速度 v_1 的箭头为起点,末速度 v_2 的箭头为终点画出一个新的箭头,这个新的箭头表示的就是速度的变化量 Δv,加速度的方向与这个速度变化量的方向相同,以此来确定加速度的方向。

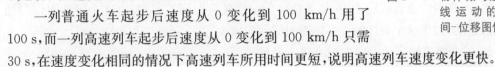

图 2-5 加速度的方向

按照上图所示方法可以知道,在直线运动中,当速度增加时加速度的方向与速度的方向相同,如图 2-5(a)所示;当速度减小时,加速度的方向与速度的方向相反,如图 2-5(b)所示。

2. 匀变速直线运动

1）匀变速直线运动的概念

匀变速直线运动是指物体加速度保持不变的直线运动。

图 2-6 所示为匀变速直线运动的 v-t 图像。如果

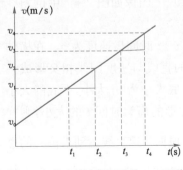

图 2-6 匀变速直线运动的 v-t 图像

在坐标横轴上选取任意两段不同的时间间隔 Δt_1 和 Δt_2,对应的速度变化量分别是 Δv_1 和 Δv_2,根据匀变速直线运动的概念可知,在 Δt_1 内物体运动的加速度 $\dfrac{\Delta v_1}{\Delta t_1}$,与 Δt_2 内物体运动的加速度的值 $\dfrac{\Delta v_2}{\Delta t_2}$ 相等。因为物体运动加速度不变,所以在任意时间间隔内,其速度变化量与时间变化量的比值都是相等的,所以匀变速直线运动的 $v\text{-}t$ 图像是一条斜率固定不变的斜线,表示物体运动的速度随着时间的改变而改变,也就是物体做的是变速运动。

通常,在匀变速直线运动中,如果物体的速度随着时间均匀增加,这个运动叫作匀加速直线运动;如果这个物体的速度随着时间均匀减少,这个运动叫作匀减速直线运动。

2) 匀变速直线运动中速度与时间的关系

图 2-6 中的 $v\text{-}t$ 图像表达的是匀变速直线运动中速度与时间的关系,除了用图像表达之外,变速直线运动中速度与时间的关系还可以用公式来表达。

设物体运动的起始时刻为 0 时刻,起始时刻的初始速度为 v_0,运动到 t 时刻的速度为 v,则

$$\Delta t = t - 0 \tag{2-5}$$

$$\Delta v = v - v_0 \tag{2-6}$$

由加速度公式可知:

$$a = \frac{\Delta v}{\Delta t} = \frac{v - v_0}{t} \tag{2-7}$$

则有

$$v = at + v_0 \tag{2-8}$$

该式表达的就是匀变速直线运动中速度与时间的关系式。

3) 匀变速直线运动中位移与时间的关系

从前面知识中可知,匀速直线运动中位移的数值就等于 $v\text{-}t$ 图像矩形的面积,根据这一思想,以初速度 v_0 做匀变速直线运动在时间 t 内发生的位移也可以通过 $v\text{-}t$ 图像来求得。

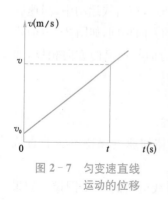

图 2-7　匀变速直线
运动的位移

物体做匀变速直线运动的 $v\text{-}t$ 图像如图 2-7 中的斜线所示。

设物体运动的初始速度为 v_0,t 时间后速度为 v。在横轴上取 t 时刻做一条与纵轴平行的直线与速度图线相交形成一个梯形,如图 2-7 所示,梯形上底大小为 v_0 大小,下底的大小为 t 时刻对应的速度 v 大小,梯形的高为时间 t 的大小,则梯形的面积为 $x = \dfrac{1}{2}(v_0 + v) \cdot t$。根据匀速直线运动求位移的思想,梯形面积即为物体做匀变速直线运动,在时间 t 内发生的

位移。

所以,物体匀变速直线运动的位移可以表达为梯形的面积:

$$x = \frac{1}{2}(v_0 + v) \cdot t \qquad (2-9)$$

由式(2-8)可知:$v = at + v_0$,所以:

$$x = v_0 t + \frac{1}{2}at^2 \qquad (2-10)$$

式(2-10)为匀变速直线运动的位移公式,也是匀变速直线运动位移与时间的关系式。如果物体的初始速度为0,则式(2-10)可简化为

$$x = \frac{1}{2}at^2 \qquad (2-11)$$

4) 匀变速直线运动中速度与位移的关系

匀变速直线运动中速度与位移的关系可以通过上面两节内容中的公式(2-8)和(2-10)来求取。联合公式 $v = at + v_0$ 及 $x = v_0 t + \frac{1}{2}at^2$ 消去时间 t,可以直接获得速度与位移之间的关系式:

$$v^2 - v_0^2 = 2ax \qquad (2-12)$$

四、自由落体运动

自由落体运动是一种常见的运动。自天空落下的雨滴、手中不小心滑落的水杯等,都是在重力的作用下,沿着竖直方向往下落,如果忽略空气阻力,它们只受到重力作用。物体像这样只在重力作用下从静止开始下落的运动,被称为**自由落体运动**。工业应用中,利用物料自重的重力式卸料设备或给料设备在卸货时货物做的就是自由落体运动。

值得注意的是,物体在空气中运动,只有在空气阻力忽略不计的情况下,才能称之为自由落体运动。

自由落体运动在运动过程中只受到重力作用,它属于匀变速运动。实验表明:一切物体自由下落的加速度都是相同的。这个加速度称为自由落体加速度或重力加速度,用字母 g 表示。重力加速度的方向总是竖直向下的,它的大小一般取 $g = 9.8\,\mathrm{m/s^2}$。匀变速直线运动中的基本公式和推论都适用于自由落体运动。

项目实施

在机械系统设计中,各机构或子系统的运动状态直接体现了设备实现其设计功能的能力,运动状态及其参数设计如加速时间的选择、最大工作速度、最小工作速度等的选择设计直接决定了系统中零部件如控制器、驱动器、电机等的选型。机械运动相关理论是完

成上述工作的理论基础。

本项目实施的目的是理解机械运动相关理论知识,掌握物体的相对运动分析,学会物体的平均速度、瞬时速度和位移的计算,理解匀变速直线运动的相关规律。

一、项目实施示例

(1)如图 2-8 所示,用倾斜放置的皮带输送机输送货物,分析货物的相对运动、运动位移及运动速度。

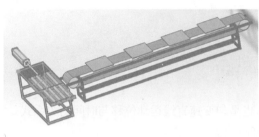

图 2-8 皮带输送机输送货物

分析:货物随着皮带输送机一起传送,货物与皮带输送机之间没有相对运动,是相对静止的;相对地面来说则是运动的。

货物随着皮带输送机传送,既有竖直方向上的位移,又有水平方向上的位移。

当皮带输送机匀速运动时,货物也随着做匀速运动。

(2)某机床动力滑台未切削工件时的快进速度为 0.1 m/s,到达工进限位开关时开始切削工件,0.05 s 后达到工进速度 50 mm/min,设动力滑台由快进变为工进时做匀变速运动,试计算该动力滑台的加速度,并分析该加速度的方向。

解:根据公式(2-7)可求动力滑台的加速度。本题已知动力滑台的初速度为 0.1 m/s,化为 10 mm/s;末速度为 60 mm/min,化为 1 mm/s;加速时间为 0.05 s,所以加速度为

$$a = \frac{v - v_0}{t} = \frac{1 - 10}{0.05} = -180 \text{ mm/s}^2$$

方向分析:由于动力滑台做的是匀减速运动,它的末速度比初速度小,所以计算出的加速度为负数,其方向与速度方向相反。

(3)一条生产流水线上的自动送料小车从静止状态开始匀加速运行,2 s 运行了 10 m 后开始匀速运行,求该送料小车的加速度及匀速运行速度。

解:由于送料小车从静止状态开始匀加速运行,它的初速度为 0,根据公式(2-11)可知

$$\because x = \frac{1}{2}at^2$$

$$\therefore a = \frac{2x}{t^2} = \frac{20}{4} = 5 \text{ m/s}^2$$

再根据公式(2-9)可求得送料小车加速后的速度,即小车匀速运行速度:

$$\because x = \frac{1}{2}(v_0 + v)t$$

$$\therefore 10 = \frac{1}{2} \times 2v$$

$$\therefore v = 10 \text{ m/s}$$

所以,送料小车的加速度为 5 m/s²,匀速运行速度为 10 m/s。

(4) 设飞机着陆瞬间的速度是 216 km/h,然后匀减速在地面滑行,加速度的大小是 2 m/s²,试计算机场跑道至少要多长才能使飞机安全停下来?

解: 由于飞机着陆时做匀减速运动,加速度的方向与速度的方向相反,可以取速度方向为正、加速度方向为负,所以,飞机着陆时的初速度为 216 km/h,即 60 m/s,着陆后速度为 0,加速度为 −2 m/s²,根据公式(2 - 12)可得

$$x = \frac{v^2 - v_0^2}{2a} = \frac{0^2 - 60^2}{-4} = 900 \text{ m}$$

所以,跑道至少要长 900 m。

二、实施练习

(1) 学习相关理论知识,思考下列问题。

① 机械运动的基本概念是什么?

② 质点的概念是什么? 哪些情况下物体可以看作质点?

③ 参考系的概念是什么?

④ 时刻与时间的概念是什么?

⑤ 位移与路程的概念是什么? 位移和路程两个概念中哪个是矢量? 哪个是标量? 在哪种情况下位移和路程大小相等?

⑥ 匀速直线运动的定义是什么? 试归纳匀速直线运动的特点。

⑦ 速度、瞬时速度和平均速度的概念是什么? 平均速度的表达式是什么?

⑧ 加速度的概念及表达式是什么? 在变速直线运动中加速度的方向是怎样的?

⑨ 匀变速直线运动的基本规律有哪几个? 分别写出它们的表达式。

(2) 如图 2 - 9 所示,在一个半径为 R 的圆形轨道上,物体由 A 点出发顺时针转一圈再回到 A 点,问在此过程中,随时间的推移,物体的路程怎样变化? 位移的大小怎样变化? 路程和位移的最大值分别是多少?

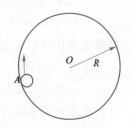

图 2 - 9 实施练习 (2)题图

(3) 做直线运动的物体,前三分之一的时间内平均速度为 3 m/s,在余下的时间内平均速度为 4 m/s,则全过程的平均速度为多少? 如果前 1/3 的位移内平均速度为 3 m/s,余下的位移内平均速度为 4 m/s,则全程平均速度为多少?

(4) 在一百米短跑比赛中,计时裁判员应该在看到发令员的发令枪冒出"白烟"时立即启动秒表开始计。但如果计时裁判员是听到枪响才启动秒表,那么他会晚计时多少时间? (声波速度 340 m/s,且远小于光速)

(5) 一条小船在水流速度为 3 m/s 的河中顺水行驶,船通过桥时一只草帽掉入水中,30 s 后主人发现并立即调转船头去追草帽,假设可将船看作一个质点且相对水的速度大

小不变,经过 30 s 后捡到草帽,问此时草帽相对桥来说,其位移大小为多少? 由草帽掉入水中到船掉头找到草帽的 60 s 内船对水的位移大小及船对桥的位移大小分别为多少?

（6）升降机由一楼开始上升到七楼停止。试分析：升降机在从一楼开始运动的一段时间内,运动方向及加速度方向是怎样的? 在快到七楼准备停下的一段时间内,升降机的运动方向及加速度方向又是怎样的?

（7）做匀变速直线运动的物体,其初速度 $v_0 = 5$ m/s,方向向东。以向东为正方向,试求物体在 5 s 末时的速度分别为向东 7 m/s 及向西 7 m/s 两种情况下的速度增量 Δv 的大小及方向,加速度的大小及方向,平均速度和位移的大小及方向。

（8）做直线运动的物体速度 v 与时间 t 的函数关系式为 $v = 3 - 2t$,则：

① 该关系式中选定的是哪个物理量的方向为正方向? 此时物体做的是什么运动?

② 如果该关系式表示的是汽车制动的全过程,则汽车平均速度大小为多少? 该汽车制动 1 s 冲出的距离是多少? 制动 2 s 后的位移为多少?

（9）汽车由制动减速开始到停止运行经历了 t 时间,最大位移为 S,试计算：

① 汽车刚开始制动时的速度及汽车制动后的加速度。

② 汽车制动全过程中的平均速度。

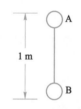

③ 汽车在 $\dfrac{t}{2}$ 时的速度。

④ 汽车由刚制动时刻开始到 $\dfrac{t}{2}$ 的时间内通过的距离。

⑤ 汽车由刚制动时刻开始到运行了 $\dfrac{S}{2}$ 时经历的时间。

图 2-10 实施练习 (10)题图

（10）如图 2-10 所示,用长 1 m 的绳子将 A、B 两球连接在一起,用手拿着 A 球,B 球距地面高度为 h,释放 A 球后,两球落地时间差 $\Delta t = 0.2$ s,试求高度 h?（不计空气阻力,g 取 10 m/s²）

（11）如图 2-11 所示,一个小球用细线吊在升降机天花板上,在升降机静止时剪断细线,球落地需要 0.6 s。则：

① 如果升降机以 10 m/s 的速度匀速上升,剪断细线到球落地需花费多少时间? 此时在升降机里看小球是做怎样的运动? 在升降机外的地面上看小球做怎样的运动?

② 如果升降机以 5 m/s² 的匀加速做加速上升,剪断细线到小球落地需经历多少时间?

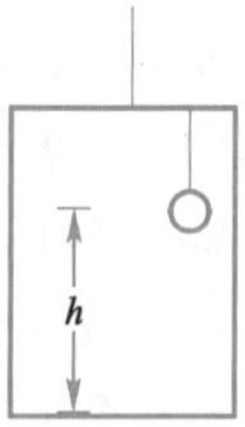

图 2-11 实施练习 (11)题图

要点小结

一、物体可以看做质点的条件

满足下列条件之一的物体可以被看做是一个质点：

（1）物体各部分运动情况都相同。

（2）物体的位移远远大于物体本身的形状或尺寸的限度。

（3）物体各部分运动情况虽然不同，但它的大小、形状及转动等对要研究的问题影响极小，可以忽略不计（如研究绕太阳公转的地球的运动，地球可以看成质点）。质点并不一定是小物体，小物体也不一定都能当作质点。

二、路程和位移大小相等的条件

只有做直线运动的质点，因为其始终向着同一个方向运动，其位移的大小才等于路程。

三、匀变速直线运动的规律

（1）匀变速直线运动位移和时间的关系式为

$$x = v_0 t + \frac{1}{2} a t^2 \text{ 或 } x = \frac{v_0 + v_t}{2} t$$

如果物体的初速度为0，则上式变为

$$x = \frac{1}{2} a t^2$$

（2）匀变速直线运动速度和时间的关系表达式为

$$v_t = v_0 + at$$

（3）匀变速直线运动速度和位移的关系表达式为

$$v^2 - v_0^2 = 2ax$$

四、匀变速直线运动的几个推论

（1）做匀变速直线运动的物体，在任意两个连续相等的时间内的位移之差是个定值，即

$$\Delta x = x_{i+1} - x_i = aT^2$$

（2）做匀变速直线运动的物体，在某段时间内的平均速度等于该段时间的中间时刻的瞬时速度，即

$$v_{t/2} = \bar{v} = \frac{v_0 + v_t}{2}$$

（3）做匀变速直线运动的物体，在某段位移的中间位置的瞬时速度可由下式计算：

$$v_{x/2} = \sqrt{\frac{v_0^2 + v_t^2}{2}}$$

项目三　牛顿运动定律及其应用

项目描述

日常生活中,我们经常会对一些现象或问题感到疑惑,如:坐在汽车里面的乘客在汽车突然启动或停车时为什么会摔倒;飞机场为什么会有长长的跑道;起重机的起升机构在加速或减速过程中,起升钢丝绳下悬挂的货物为什么摇晃等。

在机械设备中也有一些问题,如机床的动力滑台在质量一定、施加的驱动力一定的情况下,运动状态会怎样改变;起重机在起升一定质量的负载时,如果需要在规定的时间内达到某一要求的速度,起升机构需要施加多大的驱动力等。

事实上上述问题都可以用牛顿运动定律来解决。牛顿运动定律是力学的基础理论,描述了运动与力的基本规律。本项目的主要内容是牛顿三大运动定律及其在动力学分析中的应用。

相关理论

一、牛顿第一运动定律

在研究物体运动原因的最初阶段,人们根据日常经验认为要使物体运动,必须用力推或拉它,物体的运动是受到力的作用引起的,如果推力或拉力消失,运动的物体就会停下来,因此,亚里士多德曾经得出结论"没有力的作用,物体就会静止在一个地方"。然而三百多年前,伽利略的"理想实验"研究结果证明了上述论断是错误的。

伽利略在实验中发现,运动的小球从斜面向下运动时速度越来越快,而沿斜面向上滚时速度越来越小,他推论,如果小球沿着水平面运动,其速度应该是不增不减,但是实际观察发现,小球的速度仍然是越来越慢,因此,他认为运动的小球在水平面上运动会停下来是因为水平面存在对运动小球的摩擦力阻碍了小球的运动,导致它越来越慢,并最终停下来。同时,伽利略还发现,小球运动的水平面越光滑,小球会运动得越远,于是他推论,如果水平面摩擦阻力消失,小球会永远运动下去,不需任何推力去维持这个运动。因此他认为:力不是维持物体运动的原因。

法国科学家笛卡尔也研究了这个问题,并得出了相同的结论,他认为:如果运动中的物体没有受到任何力的作用,它将以同样的速度沿着同一直线一直运动下去,既不会停下来也不会偏离原来的方向。

牛顿在伽利略和笛卡尔研究的基础上提出了动力学的一条基本定律:一切物体总保

持匀速直线运动状态或静止状态,除非作用在它上面的力迫使它改变这种运动状态,这条基本定律被称为**牛顿第一定律**。它表明一切物体都具有保持原来运动状态的特性,这个特性叫作**惯性**,因此,牛顿第一运动定律又叫作**惯性定律**。

一切物体都有惯性,而且物体的惯性与物体质量有关,物体质量越大,惯性越大。改变物体运动状态就是要克服物体的惯性,因此质量越大的物体要改变其运动状态就越困难。

坐在汽车里面的乘客在汽车突然启动或停车时会摔倒是因为车中的乘客在汽车突然启动或突然停车时,与车厢接触身体部分跟着车子一起动作,但是未与车厢接触的身体部分仍然保持了原来静止或运动的运动状态。

集装箱起重机在小车机构突然加速或减速时,小车机构下由起升钢丝绳悬挂的集装箱会发生摆动,也是惯性使集装箱要保持原来的运动状态而导致的。事实上集装箱这种摇晃是不利的,容易与周围固定建筑或其他设备发生碰撞引起危险,是需要采取合适的措施去抑制的。

二、牛顿第二运动定律

对物体施加外力改变物体的运动状态,归根结底是改变物体的速度使物体产生加速度,而物体的加速度大小与其所受外力及物体质量的关系由**牛顿第二运动定律**做了描述:物体加速度的大小跟它受到的作用力成正比,跟它的质量成反比,加速度的方向总是跟作用力的方向相同。

牛顿第二定律可写为以下表达式:

$$F = kma \tag{3-1}$$

其中,k 是比例系数,可以任意选取,只需能正确表达力 F、质量 m 及加速度 a 之间的比例关系即可,因此常取 $k = 1$,则牛顿第二定律表达式简化为

$$F = ma \tag{3-2}$$

质量 m 的单位为 kg,加速度 a 的单位为 m/s^2,按照上式可知力 F 的单位应该为 kg·m/s^2,后人为了纪念牛顿对力学的贡献,把单位 kg·m/s^2 称为牛顿(N),因此力的单位"N"与"kg·m/s^2"是等价的。

由于运动物体受到的力往往不止一个,式(3-2)中的力 F 一般是指物体受的合力,因此,式(3-2)常写为

$$\sum F = ma \tag{3-3}$$

三、牛顿第三定律

力是物体间相互作用的结果,任何力都有受力物体和施力物体。物体 A 对物体 B 施加一个力的作用,物体 B 也必然同时对物体 A 施加一个力的作用。物体间这一对相互作用的力称为**作用力**与**反作用力**。作用力与反作用力总是相互依存、同时存在的。

牛顿第三定律表达了物体间作用力和反作用力大小及方向之间的关系：两个物体之间的作用力和反作用力总是大小相等、方向相反,作用在同一条直线上。

如图 3-1 所示,F_1 和 F_2 为一对作用力和反作用力,F_1 为桌面施加给物体的支持力,F_2 为物体对桌面的压力,这两个力大小相等,方向相反,分别作用在物体和桌面上。

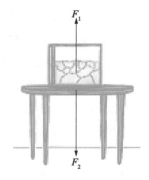

图 3-1 作用力与反作用力

项目实施

对系统进行动力学建模是系统性能分析的基础,而牛顿运动定律则是动力学的基础理论,利用牛顿运动定律可以直接对一些简单的机械系统进行动力学建模,进而实现系统的性能分析。

一、实施示例

(1)一集装箱龙门起重机如图 3-2 所示。其起升机构载重为30 t,要求2 s内从静止状态匀加速至 36 m/min,求:

① 起升机构的加速度应为多少?

② 在这段时间内起升机构上升的位移为多少?

③ 起升机构对负载的起升拉力应为多少?

解:① 起升机构由静止状态做匀加速运动,初速度为 0,末速度为 36 m/min,即 0.6 m/s,根据公式

图 3-2 集装箱龙门起重机

$v = at + v_0$ 可得 $0.6 = 2a$,所以 $a = 0.3 \text{ m/s}^2$。

② 根据公式 $x = \frac{1}{2}at^2$,起升机构上升位移 $x = \frac{1}{2} \times 0.3 \times 4 = 0.6 \text{ m}$。

③ 起升机构负载受到起升拉力及重力作用,设起升拉力为 F,则受力示意图如图 3-3 所示:

根据牛顿第二定律有 $\sum F = F - G = ma$,则

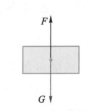

图 3-3 起升机构
负载受力
示意图

$$F - mg = ma$$
$$\therefore F = m(a + g)$$
$$= 30\,000 \times (0.3 + 9.8) = 303\,000 \text{ N}$$

图 3-4 动力滑台示意图

(2)通用机床中做进给运动的动力滑台大多是由电机通过滚珠丝杠驱动的,动力滑台在导轨上做直线运动带动刀具做进给运动切屑工件,其工作示意图如图 3-4 所示。当刀具切削工件时,工件给动力滑台施加一个切削阻力为 F,在力的作用下,动力滑台产生位

移为 x，加速度为 a，设动力滑台质量为 m，求切削阻力 F 与加速度 a 之间的关系式。

分析：针对一个实际的机械系统，在分析其运动状态时可以对系统进行适当的简化，在该动力滑台系统中，共有三个部件：动力滑台、丝杠及导轨。动力滑台是一个质量很大的刚性体，忽略其弹性，直接看作一个质量块，质量为 m；丝杠的质量相对动力滑台来说质量可以忽略不计，但是有时丝杠是细长的杆件，弹性较大，可以直接抽象为一个弹簧；而动力滑台在导轨上滑动，受到导轨的摩擦阻力的作用。因此，该动力滑台系统可以简化为以下形式，如图 3-5 所示：

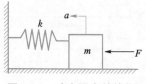

图 3-5 动力滑台的简化

设弹簧的弹性系数为 k，导轨的动摩擦因数为 μ，设加速度的方向为正方向，则质量块受到的合力为 $\sum F = F - kx - \mu mg$，根据牛顿第二运动定理可知：

$$F - kx - \mu mg = ma$$

该式即为切削阻力 F 与加速度 a 之间的关系式。在系统的动力学分析中，上式表达的是动力滑台系统的数学模型，在此基础上可以进一步分析动力滑台工作时的动态特性如稳定性、准确性及快速响应性。

二、实施练习

（1）学习相关理论知识，思考下列问题。

① 物体运动状态发生改变有哪几种情况？

② 用力向上抛起物体，物体在空中向上运动过程中受到了向上的作用力，这种说法对吗？为什么？

③ 力是改变物体运动状态的原因，当你用力去推一个放在水平地面上的木箱时，木箱却没有动起来，为什么？

④ 说明"一对相互平衡的力"与"一对作用力与反作用力"之间的相同之处及不同之处。

⑤ 一对相互平衡的力总是相同性质的力，这种说法对吗？请举例说明？

（2）升降机中站着一个人发突然现自己处于失重状态，这时升降机可能在做怎样的运动？

（3）水平面上的一个物体受一个水平拉力的作用，恰能沿水平面匀速运动，当撤去这个拉力后，物体将做怎样的运动？

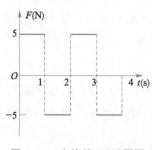

图 3-6 实施练习(4)题图

（4）如图 3-6 所示为一个物体所受的合力与时间的关系，各段的合力大小相同，作用时间相同，且一直作用下去，设该物体从静止开始运动，试分析物体在整个时间段内运动状态是怎样的？

（5）如图 3-7 所示，若物体与斜面之间的滑动摩擦因数为 μ，试求物体由静止状态从斜面顶端滑到底端所用的时间及滑到底端时速度的大小。

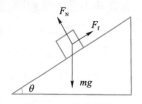

图 3-7 实施练习
(5)题图

(6) 汽车座椅上的安全带是为了在汽车发生碰撞时尽可能地减轻碰撞引起的伤害，设某一乘客质量为 70 kg，汽车以车速 90 km/h 制动，从踩下制动踏板到完全停止用了 5 s，求安全带对乘客的作用力大小约为多少（不计人与座椅间的摩擦）？

图 3 - 8　实施练习(7)题图

(7) 如图 3 - 8 所示，一水平放置的皮带输送机带长为 30 m，以 2 m/s 的速度做匀速运动。已知物体与传送带间的滑动摩擦因数为 0.2，现将该物体由静止轻放到传送带的 A 端，求物体被送到另一端 B 点所需的时间（g 取 10 m/s^2）。

(8) 一质量为 2 kg 的物体静止放置在水平地面上，在水平推力 F 的作用下由静止开始运动，4 s 末速度达到 4 m/s，此时若将 F 撤去，需经过 2 s 物体停止运动，求力 F 的大小（取 $g = 10$ m/s^2）。

(9) 如图 3 - 9 所示，用一大小为 30 N 的水平力 F 把质量 $m = 0.6$ kg 的木块压在竖直墙面上，木块离地面的高度 $H = 6$ m。此时，木块从静止开始向下做匀加速运动，经过 2 s 到达地面。取 $g = 10$ m/s^2，求：

① 木块下滑的加速度 a 的大小。

② 木块与墙壁之间的滑动摩擦因数。

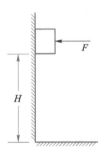

图 3 - 9　实施练习(9)题图

要点小结

一、牛顿第一运动定律

(1) 物体的运动不需要力来维持，力不是维持物体运动的原因，而是改变物体运动状态的原因。

(2) 牛顿第一定律是牛顿第二定律的基础，物体不受外力和物体所受合外力为零虽然效果相同，但本质上是不同的，牛顿第一定律不是牛顿第二定律的特例，牛顿第一运动定律定性地给出了力与运动的关系，牛顿第二定律定量地给出力与运动的关系。

二、牛顿第二运动定律

(1) 牛顿第二运动定律揭示的是力的瞬时效果，作用在物体上的力与它的效果具有在某一时刻的瞬时对应关系，一旦力发生变化，物体的加速度立即跟着变化，力撤除加速度立即为零。而且所谓力的瞬时效果是指物体具有的加速度而不是指物体的速度。

(2) 牛顿第二运动定律表达的是矢量关系，包含了加速度的方向，加速度的方向总是和合外力的方向相同。

三、第二牛顿运动定律的应用

(1) 首先对研究对象进行受力分析，画出受力示意图。

(2) 应用平行四边形定则，求出物体所受的合外力。

(3) 根据牛顿第二运动定律求出物体运动的加速度。

(4) 根据需要，结合物体运动的初始条件，选择运动学公式，求出所需求的运动学中的物理量,如:任意时刻的位移和速度等。

四、应用牛顿第二运动定律时求合力的方法

(1) 物体只受两个力的作用产生加速度时,合力的方向就是加速度的方向。若已知加速度方向就知道了合力方向。

(2) 当物体受到两个以上的力作用而产生加速度时,通常用正交分解把力分解为加速度方向和垂直于加速度方向的两个分量,则沿加速度方向:$F_x = ma$,垂直于加速度方向:$F_y = 0$。

五、作用力与反作用力的联系

(1) 作用力和反作用力具有相互依赖性,它们是相互依存,互以对方作为存在的前提;

(2) 作用力和反作用力具有同时性,它们是同时产生、同时消失,同时变化,不存在先有作用力后有反作用力的问题;

(3) 作用力和反作用力总是同一性质的力;

(4) 作用力和反作用力是不可叠加的,不存在作用力和反作用力的合力。作用力和反作用力分别作用在两个不同的物体上,各自对所在的受力物体产生效果,所以两个力的作用效果也不能相互抵消。

六、区分一对作用力反作用力和一对平衡力

(1) 一对作用力与反作用力和一对平衡力具有相似点:都是大小相等、方向相反、作用在同一条直线上的一对力。

(2) 一对作用力与反作用力和一对平衡力有本质的区别:一对作用力与反作用力分别作用在两个不同物体上,而一对平衡力作用在同一个物体上;作用力与反作用力一定是同一性质的力,而一对平衡力可能是不同性质的力;作用力与反作用力一定是同时产生同时消失的,而平衡力中的一个消失后,另一个可能仍然存在。

七、解决动力学问题的关键

解决动力学问题时,必须对物体进行受力分析及对物体的运动情况进行分析,弄清楚物体整个运动过程中的加速度是否相同,若加速度不同,则需要分阶段分别处理,分析清楚每一阶段的初速度和末速度,往往前一阶段的末速度就是后一阶段的初速度。在分析受力时,要注意物体加速度改变前后有哪些力发生了变化,哪些力没发生变化。

项目四 曲 线 运 动

项目描述

物体的运动并不总是沿着直线的,如沿环形跑道跑步,开着车走 S 型弯道等。在工业生产中,很多机构的运动都很复杂,如起重机起重货物从一个地点移动到另一个高度与水平位置都不同的地点,货物的起升轨迹可能是一条弧线;智能载货小车沿着曲线轨迹前进等。而且在电驱动的机械设备中,无论工作机构是否做直线运动,驱动电机输出的都是旋转运动。本项目的主要内容是关于曲线运动、平抛运动及旋转运动的相关概念,曲线运动中速度、加速度的计算方法及工业设备中典型的旋转运动的特点等。

相关理论

一、曲线运动

1. 曲线运动的速度

物体做曲线运动,其运动路径是弯曲的,物体运动过程中前进方向不断发生改变,其速度的方向也在不断发生改变。所以说**曲线运动**是速度的方向不断发生改变的运动。

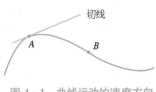

图4-1 曲线运动的速度方向

曲线运动是变速运动,因为即使物体运动速度的大小没有改变,只要方向发生改变就表示速度矢量发生了变化,运动物体就有了加速度。做曲线运动的质点在运动过程中的每一位置的速度方向都是不同的,在某一点的速度的方向规定为这一点切线的方向。如图4-1所示,某质点沿曲线从 A 点到 B 点,其在 A 的速度方向即为该点切线方向。

2. 物体做曲线运动的条件

根据牛顿第二定律可知,物体运动的加速度总是与其所受合力方向是一致的,当物体速度的方向与合力方向不一致时,加速度的方向与速度的方向就不一致,这时物体速度的方向就要发生变化从而做曲线运动。如平抛出去的物品,被抛出去的瞬间,其速度方向是水平向前的,但是由于它在运动过程中只受重力作用,它的运动路径将因为重力作用向下弯曲,最终以曲线运动的方式掉落在地上,如图4-2所示。

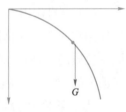

图4-2 做曲线运动的物体

因此,当物体所受合力的方向与它的速度方向始终不在同一条直线上时,物体才会做曲线运动。

3. 运动的合成与分解

运动也可以进行合成与分解,很多物体做的都是较为复杂的运动,对复杂运动进行分解有助于清楚描述物体的运动状态,同样的,对物体各方向上的运动进行合成有助于了解物体最终的运动效果。对物体运动的分解与合成也采用力的合成与分解中的平行四边形定则,因为平行四边形定则是对矢量进行合成与分解的基本方法。

如果物体的分运动已知,可按照平行四边形法则对分运动进行合成以描述物体的最终运动结果。如图4-3所示的十字滑台是工业中常见的运动机构。

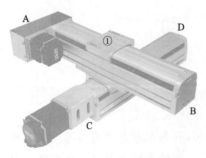

图4-3 十字滑台

　　实际应用中,运动物体固定在工作滑台①上,在电机的驱动下可沿着导轨 AB 滑动,工作滑台①、导轨 AB 及驱动系统一起固定在导轨 CD 的滑台上,在电机驱动下可沿导轨 CD 滑动。如果此时导轨 AB 沿导轨 CD 往 D 端滑动的同时,工作滑台①也在沿导轨 AB 往 B 端滑动,则安装在工作平台①上的运动机构的实际工作路线可以由运动的合成求得。如图 4-4 所示其实际的工作路线是沿着 OE 方向。

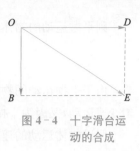

图 4-4 十字滑台运动的合成

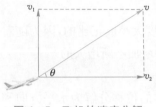

图 4-5 飞机的速度分解

　　由于描述运动的物理量包括速度、加速度和位移,运动的合成与分解可以细分为速度、加速度或位移等相关物理量的合成与分解。如图 4-5 所示:一架飞机以斜向上 θ 的角度飞行,飞行速度为 v,则这个速度可以分解为竖直向上方向的速度 v_1 和水平方向上的速度 v_2,其中

$$v_1 = v\sin\theta$$

$$v_2 = v\cos\theta$$

二、平抛运动

　　物体以一定速度被抛出,在运动过程中则只受重力作用,这种运动称为**抛体运动**。如果抛体运动开始时的初速度是沿水平方向的则称为**平抛运动**。如图 4-6 所示为水平管中喷出的水流做平抛运动的轨迹。

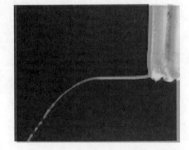

图 4-6 平抛运动的轨迹

1. 平抛运动的速度

　　以平抛运动的物体被抛出的位置为原点,初速度 v_0 的方向为 x 轴方向,竖直向下的方向为 y 方向,建立坐标系,对平抛运动的物体在一任意点的速度进行沿坐标轴方向的分解,如图 4-7 所示。

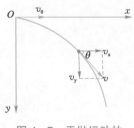

图 4-7 平抛运动的速度分解

　　设物体在任一点的速度为 v,方向沿着该点的切线方向,速度分解为水平方向的速度为 v_x 和竖直方向的速度为 v_y。

　　由于物体在运动过程中只受到竖直向下的重力作用,水平方向上不受力作用,根据牛顿运动定律可知,物体在水平方向上的运动为匀速直线运动,其运动速度始终为初速度 v_0。

　　物体运动过程中在竖直方向上仅受重力作用,所以竖直方向的运动为自由落体运动,是匀加速运动,加速度为重力加速度 g。

　　由于物体在被平抛出去的那一刻其竖直方向的初速度为 0,假设物体被抛出后经过时间 t 运动到图中所示位置,即竖直方向上物体经过时间 t 达到速度 v_y,则 v_y 与时间 t 的关系式为

$$v_y = gt \qquad\qquad (4-1)$$

则平抛运动的物体在任一点的速度为

$$v = \sqrt{v_0^2 + g^2 t^2} \tag{4-2}$$

由于平抛运动的物体只受到重力作用,重力加速度一般取定值,所以平抛运动是一种匀变速运动,又因为平抛运动做的是曲线运动,所以**平抛运动是匀变速曲线运动**。

假设物体运动的速度方向与 x 轴方向夹角为 θ,根据图 $4-7$ 可知:

$$\tan \theta = \frac{v_y}{v_x} = \frac{gt}{v_0} \tag{4-3}$$

上式说明,速度方向与 x 轴方向夹角 θ 是与竖直方向的速度大小成正比的,因为随着时间增加,v_x 不变,但是 v_y 会不断增加,所以 θ 是随着时间 t 的增加不断增大的。

2. 平抛运动的位移

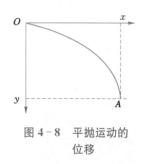

图 $4-8$ 平抛运动的位移

平抛运动的位移也可以通过将物体的位移分解为水平方向和竖直方向的分位移来计算。如图 $4-8$ 所示,设物体 t 时间内从 O 点运动至 A 点,设该点的水平位移为 x,竖直方向位移为 y。

从上节分析已知平抛运动的水平运动是速度为 v_0 的匀速直线运动,所以在 t 时间内水平方向的位移为

$$x = v_0 t \tag{4-4}$$

物体在竖直方向上的运动为自由落体运动,初速度为 0,加速度为 g,则 t 时间内的位移为

$$y = \frac{1}{2} g t^2 \tag{4-5}$$

则物体从 O 点到 A 点的位移为

$$OA = \sqrt{x^2 + y^2} = \sqrt{v_0^2 t^2 + \frac{1}{4} g^2 t^4} \tag{4-6}$$

如果将公式($4-4$)变为 $t = \dfrac{x}{v_0}$,代入式($4-5$)可得

$$y = \frac{1}{2} g \left(\frac{x}{v_0} \right)^2 = \frac{g}{2 v_0^2} x^2 \tag{4-7}$$

由上式可知平抛运动的物体在任意一点的水平方向位移与竖直方向位移之间的关系式代表的是一条抛物线,因此平抛运动的运动轨迹是一条抛物线。

三、圆周运动

运动轨迹为圆的运动称为**圆周运动**。圆周运动是日常生活和工业生产中常见的一种运动。如圆形跑道上跑步的运动员,行驶中的汽车车轮上的一个质点随车轮一起转动等,

包括地球绕太阳公转往往也可以看作是近似圆周运动。

1. 圆周运动的速度

圆周运动的快慢可以有两种表示方法：一种称为线速度，一种为角速度。

1）线速度

线速度是指用圆周运动的物体通过的运动路径上的某段弧长与所用时间的比值。如图 4-9 所示，物体沿着圆弧从 M 到 N，为了求出其经过 A 点附近时的速度，可以取一段很短的时间 Δt，物体在这段时间内从 A 点运动到 B 点，其弧长为 Δs，则这段时间的线速度 v 为

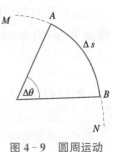

图 4-9　圆周运动的线速度

$$v = \frac{\Delta s}{\Delta t} \qquad (4-8)$$

上式计算的是圆周运动的线速度的平均值，如果时间间隔 Δt 取得很小，则按照上式算出的线速度为瞬时线速度。

如果物体沿着圆周运动，且线速度大小处处相等，则这种运动称为**匀速圆周运动**。

2）角速度

角速度表达的是将做圆周运动的物体与圆弧的圆心连线，物体运动时单位时间内绕圆心转过的角度。

图 4-10　圆周运动的角速度

如图 4-10 所示，物体沿着圆弧从 A 点运动到 B 点，物体相对圆心转过的角度为 $\Delta\theta$，所用时间为 Δt，则转过的角度与时间的比值即为物体的角速度，常用 ω 表达：

$$\omega = \frac{\Delta\theta}{\Delta t} \qquad (4-9)$$

因为角度的国际单位也可以为弧度（rad），所以角速度常用的国际单位为弧度每秒（rad/s）。弧度是一个较小的单位，如果某一质点随着旋转物体高速运动，则可以用转速 n 来表达运动快慢，转速 n 是指单位时间内物体所转的圈数，即圈数与时间的比值，所以转速的常用单位为转每秒（r/s），或转每分（r/min）。

由于匀速圆周运动在单位时间内通过的弧长相等，其转过的角度也相等，因此匀速圆周运动也是角速度大小不变的运动。

匀速圆周运动物体绕圆周运动一周，称为一个**周期**。一个周期转过的角度为360°，用弧度表示为 2π，所以角速度跟周期的关系式为

$$\omega = \frac{2\pi}{T} \qquad (4-10)$$

周期的倒数称为**频率**，用 f 表示：

$$f = \frac{1}{T} \qquad (4-11)$$

频率单位为"赫兹",记作"Hz",常简称为"赫"。频率也用作表达物体运动的快慢,频率高表示物体运动快,频率低说明物体运动慢。

3) 线速度与角速度的关系

设圆周运动中圆的半径为 R,物体在 Δt 时间内转过的角度为 $\Delta\theta$,运动轨迹上对应的弧度为 Δs,因为 $\Delta s = \Delta\theta \cdot R$,所以根据公式(4-8)和(4-9)有

$$v = \omega \cdot R \tag{4-12}$$

所以说线速度等于角速度与圆半径的乘积。

2. 机械传动中圆周运动的线速度与角速度

工业生产中有几类常见的传动方式:皮带传动、齿轮传动及同轴传动。无论哪种传动形式,都是形成传动轮的旋转运动,而传动轮上的任意一点做的都是圆周运动。

1) 带传动及齿轮传动

图 4-11 和图 4-12 所示为皮带传动及其示意图。两个皮带轮半径分别为 r_1 和 r_2,其中 $r_1 > r_2$,A、B 两点分别是两个皮带轮边缘上的任意点,C 为大皮带轮侧表面的一点,C 点到圆心的半径为 r_3,且 $r_3 < r_1$。

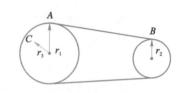

图 4-11 皮带传动装置　　　　　图 4-12 皮带传动装置示意图

图 4-12 中,A、B 两点为传动轮轮沿上的点,设皮带传动装置运动过程中 A 点线速度为 v,由于大多皮带传动装置中一个是主动轮,另一个为从动轮,主动轮通过皮带带动从动轮运行,因此 B 点线速度也为 v,两个皮带轮边缘上任意点的线速度都相同。但是由于两个皮带轮的半径不同,A 点的角速度为 v/r_1,B 点角速度为 v/r_2,因此这两点的角速度是不同的,在线速度相等的情况下,角速度与半径成反比。

但是由于 C 点与 A 点绕同一圆心旋转,所以这两点的角速度相同,又由于它们半径不等,所以这两点的线速度不同,A 点线速度大于 C 点线速度。角速度相同的情况下,线速度的大小与半径成正比。

图 4-13 齿轮传动

图 4-13 所示是齿轮传动方式。这种方式也是主动轮直接带动从动轮运动,因此和皮带传动方式一样,两个齿轮边缘上的任意点线速度都是相同的,但是角速度与齿轮半径成反比,半径大的齿轮角速度小,半径小的齿轮

角速度大。

2）共轴传动

日常生活及工业生产中还有一种常用的共轴传动方式，如图 4-14 所示为自行车后车轮结构，后车轮与飞轮同轴安装，飞轮旋转通过传动轴带动后车轮动作。A 点是飞轮边缘上的点，B 点是后车轮边缘上点，飞轮半径为 r，后车轮半径为 R。

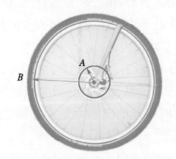

图 4-14 自行车后车轮与飞轮同轴安装

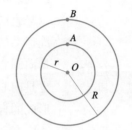

图 4-15 共轴传动示意图

图 4-15 为共轴传动的示意图。A 点和 B 点在同轴的一个圆盘上，则当圆盘转动时，A 点和 B 点的角速度相同，即 $\omega_A = \omega_B$，所以线速度和周期存在以下定量关系：

$$\frac{v_A}{r} = \frac{v_B}{R}, \quad T_A = T_B$$

并且 A、B 两点转动方向相同。事实上，共轴传动装置上的任意点角速度都是相等的。

3. 匀速圆周运动的向心力和向心加速度

1）向心力

圆周运动是一种曲线运动，其速度的方向在不断发生变化，根据曲线运动的条件可知，作圆周运动的物体所受的合力的方向与其加速度的方向总是一致的，而与其速度的方向必然是不同的。

如图 4-16 和 4-17 所示是两种典型圆周运动的受力分析。图 4-16 中一个小球被放置在光滑水平面上，由桌面上钉着一根细绳拉着作匀速圆周运动。光滑桌面摩擦力不计，小球在垂直桌面的方向受到重力 G 和桌面的支持力 F_1，由于在垂直桌面方向上小球没有运动，因此这两个力是一对平衡力，合力为 0。小球在做圆周运动时始终被细绳拉着，受到的拉力为 F，而 F 的方向始终指向圆心，在指向圆心方向上，小球也只受到这个力 F 的作用，所以力 F 就是小球此时受到的合力，正是这个始终指向

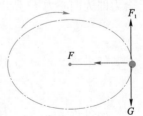

图 4-16 光滑水平面上的小球做圆周运动

圆心的合力导致了小球的匀速圆周运动。这个始终指向圆心使小球做匀速圆周运动的力称为**向心力**，向心力是做匀速圆周运动的物体受到的合力，而不是由某一物体施加的一个

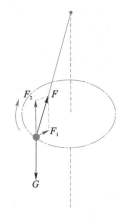

图 4-17 悬挂小球的
圆周运动

确定的外力。

图 4-17 中小球由一根细绳悬挂在空中,由细绳拉着绕悬挂点的轴心线在水平面做圆周运动。小球拉着悬绳旋转形成一个圆锥面,这种运动小球被称为圆锥摆。这时小球受到重力 G 作用和细绳的拉力 F, F 的方向始终指向悬挂点,所以方向是不断发生改变的。对绳的拉力 F 进行力的分解,可分解为竖直向上的分力 F_2 和圆周运动的水平面上的分力 F_1,由于小球在竖直方向没有运动,所以竖直向上的分力 F_2 与小球重力是一对平衡力,合力为 0,而在圆周运动的水平面上的分力 F_1 没有其他的力与之平衡,其方向始终指向圆心使小球的运动方向不断发生改变做匀速圆周运动,因此也是向心力,也可以说此时小球的向心力是重力和悬绳的拉力 F 形成的合力。

从上述受力分析可知,小球所受合力即向心力的方向始终垂直于其运动方向,小球运动方向则不受力的作用,速度的大小不发生改变,所以向心力只是改变物体的运动方向。

物体做匀速圆周运动向心力的大小为

$$F = m\omega^2 r \tag{4-13}$$

其中,m 为物体的质量,ω 为圆周运动的角速度,r 是指轨迹圆的半径。因为线速度与角速度的关系为 $v = \omega \cdot r$,代入式(4-12)可得

$$F = mv^2/r \tag{4-14}$$

2)向心加速度

向心力产生的加速度称为**向心加速度**,由于匀速圆周运动的速度大小不变,所以向心加速度表示的是做匀速圆周运动的物体方向改变的快慢程度。向心加速度的方向与向心力的方向是一致的,始终指向圆心。

根据牛顿第二定律可知,物体所受合力 $\sum F = ma$,做匀速圆周运动的物体受到的合力即为向心力 F,所以 $F = m\omega^2 r = ma$,所以向心加速度为

$$a = F/m = \omega^2 r \tag{4-15}$$

如果将 $v = \omega \cdot r$ 代入式(4-14),消去 ω,则向心加速度又可以表示为

$$a = v^2/r \tag{4-16}$$

如果将 $v = \omega \cdot r$ 代入式(4-14),消去 r,则向心加速度可以表示为

$$a = \omega \cdot v \tag{4-17}$$

匀速圆周运动中向心加速度的方向始终指向圆心,也就是说向心加速度的方向始终是改变的,所以匀速圆周运动是变加速运动,同时匀速圆周运动又是曲线运动,所以说匀速圆周运动的性质是变加速曲线运动。

4. 离心现象

1）离心运动

图 4-16 中的小球在光滑的水平面上做匀速圆周运动,拉着小球的细绳提供施加在小球上的拉力为小球做匀速圆周运动提供了向心力。如果此时拉着小球的细绳突然断开,也就是小球受到的合力突然消失,小球不再受任何力的作用,根据牛顿第一运动定律可知,小球由于惯性,会在此刻位置上按照此时的速度方向,也就是所处位置的切线方向,做匀速直线运动,从而偏离了原来的圆周运动的轨迹。

事实上当做匀速圆周运动的物体受到的合外力变小,无法提供物体做匀速圆周运动所需的向心力时,物体的运动方向也会偏离原来的圆周轨迹,逐渐远离圆心,但是由于合外力并未消失,所以此时物体不会做直线运动,只是运动半径越来越大。

这种做匀速圆周运动的物体,在所受合力突然消失或者不足以提供圆周运动的所需的向心力的情况下,逐渐远离圆心的运动称为**离心运动**,物理中的这种物体做离心运动的现象称为离心现象,如图 4-18 所示。

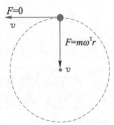

图 4-18　小球的离心运动

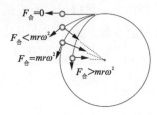

图 4-19　合外力大小与向心力及物体运动的关系

根据离心运动的定义可知,只有当合外力消失或是小于向心力 $m\omega^2 r$ 时,做匀速圆周运动的物体才会开始做离心运动,运动半径越来越大,逐渐远离圆心;而当物体受到的离心力大于 $m\omega^2 r$ 时,物体会做向心运动,运动半径越来越小,物体会距离圆心越来越近。如图 4-19 所示,为圆周运动的物体受到不同大小的向心力时的运动状态。

2）离心现象的应用及危害

离心现象是一种常见的物理现象,如洗衣机脱水,应用的就是离心现象。洗衣机的脱水筒做匀速圆周运动,筒内的衣物和水如果跟随脱水筒一起做匀速圆周运动,如图 4-20 所示,衣物受到重力、筒壁静摩擦力 F_1 及支持力 F_2 作用,由于衣物在竖直方向上没有运动,所以重力与静摩擦力互相平衡,则衣服和水的向心力是由筒壁对物体的支持力 F_2 提供的,当支持力形成的合外力不足以为水滴提供需要的向心力时,水滴就会被甩出去,衣服上的水被脱去。

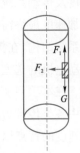

图 4-20　洗衣机脱水筒中衣物的向心力

如图 4-21 所示是蒸汽机离心调速器,是蒸汽机的调速装置,能对蒸汽机的速度进行调节,是离心力在机械工程中的典型应用。当蒸汽发动机输出轴旋转,通过锥齿轮带动竖直轴旋转,离心小球会跟着旋转,当速度达到预定速度,系统处于平衡状态,蒸汽机输出轴、竖直轴及离心小球机构都会做匀速旋转运动。套在竖直轴上的预紧弹簧的弹性力是形成离心小球机构合外力的一部分,当蒸汽机输出转速改变,竖直轴与离心小球机构的转速随之发生改变,做匀速转动的向心力随之发生改变,竖直轴上的滑动轴

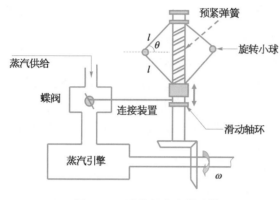

图 4-21　蒸汽机离心调速器

环上下滑动调整预紧弹簧的弹性力，使离心小球的合外力重新与所需向心力相等，离心小球机构重新恢复匀速旋转运动。而滑动轴环的上下滑动通过连接装置改变了蒸汽供给蝶阀的开度，改变了蒸汽供应量，从而最终实现了对蒸汽机转速的调节。

离心现象并不总是有用的，事实上，很多时候离心现象的存在对物体或工业设备的运行是不利的。

汽车或火车在路上行驶，转弯处总是需要限速慢行，就是为了防止离心现象的产生。在水平公路上行驶的汽车，转弯时所需要的向心力是由车轮与路面间的静摩擦力提供的，如果转弯时速度过大，所需向心力 F 大于最大静摩擦力 f_{max}，汽车将做离心运动而造成车体侧滑，因此在公路转弯处汽车必须限速。

工厂车间里使用的磨床，其加工工具是砂轮。在磨床工作的过程中，高速转动的砂轮不得超过允许的最大转速，如果转速过高，砂轮内部分子间的作用力不足以提供所需的向心力时，离心运动会使它们破裂从而造成设备甚至是人员的安全事故。为了防止事故的发生，车床外面总是会加装一个防护罩。

项目实施

工业设备中的曲线运动尤其是旋转运动随处可见，电机通过传动装置如齿轮传动、链传动、同轴传动等驱动工作机构运动。传动系统输出端的速度及加速度由输入端速度、加速度及传动系统的实际结构决定。因此在机械传动系统设计中，工作机构所需要的速度及加速度最终需要折算到传动系统的输入端，在折算之前不仅需要按照所需结果确定传动系统结构，在折算之后该折算结果还直接反映所需驱动电机的输出结果，从而直接影响驱动电机的选型。

在本项目实施中要求掌握平抛运动及旋转运动中速度及加速度的计算，掌握工业设备中各类传动方式中线速度、线加速度、角速度及角加速度的特点以实现正确的计算。

一、实施示例

（1）如图 4-22 所示，汽车以速度 v_0 匀速向左运动，试求当绳子与水平面的夹角为 θ 时，重物上升的速度 v，并讨论重物的运动性质。

解：将 v_0 分解成沿绳方向的分速度 v_1 和垂直于绳方向的分速度 v_2，重物上升的速度 v 即等于 v_1，根

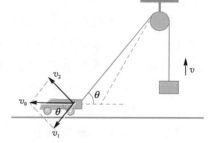

图 4-22　重物起升示意图

据图示可知：

$$v_1 = v_0 \cos\theta$$

当汽车向左匀速运动时，θ角将逐渐变小，v_1逐渐变大，即重物向上做加速运动但并不是匀加速。

（2）如图 4 - 23 所示，一个做匀速圆周运动的圆锥摆，悬绳长 l，与竖直方向夹角为 α，设小球质量为 m，求小球的角速度 ω。

解：由相关理论中对做匀速圆周运动的圆锥摆受力分析已知，小球向心力即为小球受到的合力，可由悬绳拉力和小球重力直接合成，见图 4 - 23 所示，可以算出小球受到的合力 $F_合 = mg \cdot \tan\alpha$，即为小球的向心力 F：

$$\because F = F_合 = mg \cdot \tan\alpha$$
$$= ma$$
$$\therefore a = g \cdot \tan\alpha$$

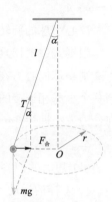

图 4 - 23 圆锥摆运动示意图

设小球圆周运动的半径为 r，根据向心力公式（4 - 15）可知小球的 $a = \omega^2 r$，所以有

$$\omega^2 r = g \cdot \tan\alpha$$
$$\therefore \omega = \sqrt{\frac{g \cdot \tan\alpha}{r}}$$
$$又 \because r = l \cdot \sin\alpha$$
$$\therefore \omega = \sqrt{\frac{g}{l \cdot \cos\alpha}}$$

所以，小球的角速度 $\omega = \sqrt{\dfrac{g}{l \cdot \cos\alpha}}$。

（3）如图 4 - 24 所示的蒸汽机离心调速器当速度达到预定速度，系统处于平衡状态，蒸汽机输出轴、竖直轴及离心小球都做匀速旋转运动，竖直轴上的滑动轴环处于静止状态。如果此刻蒸汽引擎输出角速度 ω，锥齿轮传动比为 n，设向心小球质量 m，求此时系统中预紧弹簧的弹性力大小。

分析：该系统之后弹簧在安装时被压缩施加了一个预紧力，如果忽略竖直轴对滑动轴环的摩擦，滑动轴环受到的力包括弹簧施加的弹性力，及与两个离心小球连接的两个杆件的拉力或压力。

当竖直轴上的滑动轴环处于静止状态，即滑动轴环在竖直方向及水平方向

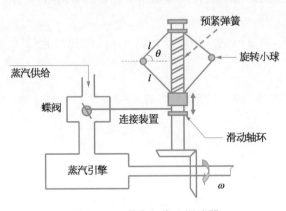

图 4 - 24 蒸汽机离心调速器

都没有运动,此时在竖直方向上,根据力的平衡,弹簧的弹性力必然是被两个杆件施加的力的轴向分力抵消了。所以只要算出两个杆件施加的力的轴向分力,即可得到弹簧此时的弹性力。

当蒸汽引擎输出角速度 ω,锥齿轮传动比为 n,则离心小球随竖直轴旋转的角速度 $\varphi = \omega \cdot n$。

离心小球的旋转半径为 $r = l \cdot \cos\theta$。

根据式(4-13)可得向心力 $F = m\varphi^2 r = m(\omega n)^2 l\cos\theta$。

则小球向心力在竖直方向上的分力 $F_1 = F\tan\theta = m(\omega n)^2 l\sin\theta$,这个力的大小即为与一个小球相连接的杆件施加在滑动轴环上的力的轴向分力,两个杆件共同作用后的轴向分力大小即为 $2m(\omega n)^2 l\sin\theta$,此时系统中预紧弹簧的弹性力大小为 $2m(\omega n)^2 l\sin\theta$。

二、实施练习

(1)思考并回答下列问题。

① 怎样的运动可以称为曲线运动?曲线运动的位移和速度分别怎样表达?曲线运动速度的方向是怎样的?物体做曲线运动的条件是什么?

② 运动为什么可以合成与分解?在对运动进行合成与分解时可以分别进行哪些相关物理量的合成与分解?

③ 怎样的运动可以称为平抛运动?平抛运动的位移和速度分别怎样表达?平抛运动的轨迹为什么是一条抛物线?平抛运动的本质是什么?

④ 怎样的运动可以称为圆周运动?有哪些相关的物理量可以表达圆周运动的快慢?写出这些物理量之间的关系式。怎样定义匀速圆周运动?

⑤ 做匀速圆周运动的物体相等时间内通过的位移相同吗?

⑥ 向心力和向心加速度的概念?匀速圆周运动为什么是变加速曲线运动?

(2)如图4-25所示,竖直玻璃管内装有水,蜡块可以在水中匀速上升,设蜡块从玻璃管中 A 点开始匀速上升的同时,玻璃管从 AB 位置开始水平向右做匀加速直线运动,则蜡块的实际运动轨迹可能是图中的哪条曲线?为什么?

(3)设一个物体以初速度 v_0 水平抛出,当抛出后竖直位移是水平位移的2倍时,物体抛出的时间是多少?

(4)如图4-26所示,一条玻璃生产线,宽9 m的成型玻璃板以3 m/s的速度连续不

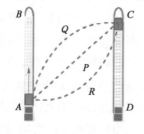

图4-25　实施练习(2)题图

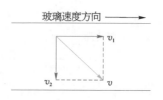

图4-26　实施练习(4)题图

断地向前行进。在切割工序位置,玻璃板由金刚石刀进行切割,为了使割下的玻璃板为规定尺寸的矩形,金刚石刀在沿玻璃运动的方向需要始终与玻璃板保持相对静止,因此图中 v 为刀的实际速度方向。设走刀速度是 $10\ \mathrm{m/s}$,则切割一次的时间需要多长?

（5）如图 4-27 所示,一个小石子在 O 点对准前方一块竖直挡板被水平抛出,O 与 A 在同一水平线上,当石子的水平初速度分别为 v_1、v_2、v_3 时,打在挡板上的位置分别为 B、C、D,且 $AB:BC:CD = 1:3:6$,若不计空气阻力,试求 $v_1:v_2:v_3$ 的值为多少?

（6）如图 4-28 所示的带传动装置,由大皮带轮通过皮带带动小轮转动,皮带与皮带轮之间无相对滑动。大轮半径是小轮半径的 2 倍,大轮上一点 C 距离圆心的距离是大轮半径的 $\dfrac{1}{3}$,当大轮边缘上的 A 点的向心加速度是 $12\ \mathrm{m/s^2}$,大轮上的 C 点和小轮边缘上的 B 点的向心加速度分别是多少?

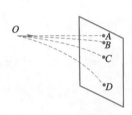

图 4-27　实施练习
(5)题图

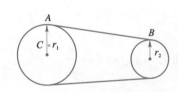

图 4-28　实施练习(6)题图

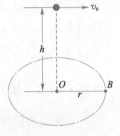

图 4-29　实施练习
(7)题图

（7）如图 4-29 所示,一个半径为 r 的水平圆盘绕圆心 O 匀速旋转,从圆心 O 点正上方高为 h 处水平抛出一个小球,此时 OB 恰好与初速度 v_0 方向一致,要使小球正好落在 B 点,小球的初速度 v_0 应为多少? 圆板的角速度应为多少?

（8）如图 4-30 所示,一段倾斜的弯道,路面的倾角为 θ,一辆汽车在该弯道上拐弯,转弯半径为 r,若要汽车在转弯过程中完全不受摩擦力,其角速度大小应为多少?

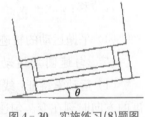

图 4-30　实施练习(8)题图

要点小结

一、质点做曲线运动的条件

（1）从动力学上看,物体所受合力方向跟物体的速度不在同一直线上,合力指向运动轨迹的凹侧。

（2）从运动学上看,物体加速度方向跟物体的速度方向不共线。

二、曲线运动的性质

（1）由于做曲线运动的物体其速度方向始终在改变,不管速度大小是否变化,物体的速度都是处于时刻改变状态,所以曲线运动一定是变速运动。

(2) 做曲线运动的物体若受合外力为恒值,则物体做匀变速曲线运动;若所受合外力一直改变,物体做的是非匀变速曲线运动。

三、合运动与分运动的关系

(1) 合运动和分运动是同时发生的。

(2) 一个物体的运动如果可分解为几个分运动,则各分运动是独立进行,各自产生效果的。

(3) 运动物体的合运动是各分运动决定的总效果,可以由一个合运动替代所有的分运动。

四、平抛运动

(1) 平抛运动在水平方向上是匀速直线运动,在竖直方向上是自由落体运动。

(2) 平抛运动的速度。

水平方向:运动速度始终为 v_0。

竖直方向:$v_y = gt$。

合速度:$v = \sqrt{v_0^2 + g^2 t^2}$。

速度方向与 x 轴方向夹角为 θ,有 $\tan \theta = \dfrac{v_y}{v_x} = \dfrac{gt}{v_0}$。

(3) 平抛运动的位移。

水平位移:$x = v_0 t$。

竖直位移:$y = \dfrac{1}{2} g t^2$。

合位移:$\sqrt{x^2 + y^2} = \sqrt{v_0^2 t^2 + \dfrac{1}{4} g^2 t^4}$。

(4) 平抛运动的轨迹为一条抛物线。

五、匀速圆周运动的特征

(1) 运动学特征:线速度大小不变,角速度大小不变,加速度大小不变;线速度和加速度的方向时刻在变。匀速圆周运动是变加速运动。

(2) 动力学特征:合外力大小恒定,方向始终指向圆心。

六、描述圆周运动的物理量

(1) 线速度:$v = \dfrac{\Delta s}{\Delta t}$,方向始终为质点运动到圆弧某点的切线方向。

(2) 角速度:$\omega = \dfrac{\Delta \theta}{\Delta t}$(rad/s)。

(3) 周期 T(s)、频率 f(Hz)。

(4) 线速度与角速度的关系:$v = \omega R$。

(5) 向心加速度:$a = F/m = \omega^2 r$;$a = v^2/r$;$a = \omega v$。向心加速度方向总是指向圆心,所以不论向心加速度的大小是否变化,它都是个变化的量,做匀速圆周运动的物体是变加速运动。

七、向心力

(1) 向心力的作用效果是产生向心加速度,不断改变运动物体的速度方向,维持运动物体做圆周运动,但不改变速度的大小。

(2) 在匀速圆周运动中,向心力就是合外力;在非匀速圆周运动中,向心力是合外力沿半径方向的分力,其效果是改变线速度的方向,而合外力沿切线方向的分力则改变线速度的大小。

八、物体做匀速圆周运动的条件

(1) 物体具有初速度。

(2) 物体受到的合外力始终与速度方向垂直。

(3) 合外力 F 的大小保持不变。

九、离心运动的本质

做匀速圆周运动的物体,由于本身有惯性,总是有沿着切线方向"飞出去"的趋势,但是向心力作用会使它不能沿切线方向飞出,而是被限制着做圆周运动。如果提供向心力的合外力突然消失,物体由于本身的惯性,将沿着切线方向运动;如果提供向心力的合外力减小,使它不足以将物体限制在圆周上,物体将做半径变大的圆周运动,此时,物体逐渐远离圆心做离心运动,做离心运动的物体不会沿半径方向飞出,而是运动半径越来越大。

项目五 旋转运动与力矩

项目描述

我们经常能在日常生活中遇到物体因失去平衡而翻倒的现象,也能看到新闻中出现建设工地上的起重机翻倒的报道。日常生活用品尤其是工业生产中的机器设备的翻倒会造成财物损失和人员伤亡,这种因设备翻倒造成的损失,是在设计或使用机械设备时需要尽力避免的。

本项目的主要内容是讲述关于力矩的形成、作用效果以及刚体的平衡问题。机械设备在工作过程中如果满足刚体平衡条件,则可避免因失去平衡而造成的危险。

相关理论

一、旋转运动

1. 旋转运动的概念

1) 平动

要理解物体的旋转运动,首选要能够区分旋转运动与平动这两种不同的运动方式。

当运动的物体在某一瞬间其上各点的速度、位移及加速度等都是相同的,这种运动称为**平动**,如图 5-1 所示的起重机从地面提升重物。

图 5-1　平动的物体

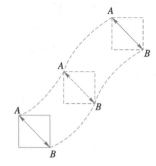

图 5-2　平动的判断方法

平动物体的运动轨迹并不一定是直线。可按图 5-2 所示的方法来判断一个物体是否做平动,在运动物体上任意画一条直线段 AB,如果物体运动过程中,直线段 AB 始终保持跟原来的位置平行,则该物体的运动为平动。

图 5-3　做旋转运动的
风扇叶片

2) 转动

运动物体在运动过程中其上各点都在绕同一轴线做圆周运动,这类运动就称为**转动**或旋转运动,如行驶中的汽车车轮,如图 5-3 所示的转动的风扇叶片等。

在旋转运动的物体上取一质点,其运动就是圆周运动,因此描述物体旋转运动的物理量也采用圆周运动中的线速度、角速度,线加速度、角加速度,线位移、角位移等。

2. 转动惯性

根据牛顿第一运动定律可知,任何物体都有保持原来运动状态的特性,旋转运动的物体也不例外,如果没有外力的作用改变该转动物体的运动状态,如旋转速度大小或方向,则它会一直保持原来的旋转速度和旋转方向不变,这种特性称为**转动惯性**。转动惯性不再以物体的质量为度量,而是采用转动惯量来描述转动惯性的大小,转动惯量越大的物体,表示其转动惯性越大。

物体的转动惯性在工业设备中常有应用。

如图 5-4 所示为一个陀螺仪示意图。陀螺仪是一种用来传感与维持方向的装置,主要是由一个可绕轴线高速旋转的转子构成,旋转时就像一个陀螺,可持续保持平衡旋转状态,所以称为陀螺仪。由于陀螺仪在高速旋转时具有足够大的转动惯量,因而有保持运动状态、抗拒方向改变的趋向。陀螺仪多用于导航、定位或需要维持平衡状态的系统中。

图 5-4　陀螺仪示意图

如飞行器上安装的惯性导航仪,其本质上就是一个高速旋转的陀螺,由于其转动惯性很大,安装有陀螺的旋转轴具有较好的保持原来运动状态的特性,方向不易发生改变,以此来维持飞行器原来的运动方向。

海洋中航行的轮船,在其底部安装一个高速旋转的飞轮,由于飞轮的转动惯性大,运动方向不易发生改变,从而可以使船身保持平稳,不易发生摇摆。

二、力矩和力偶

1. 力矩

1) 力矩的大小

要想使得一个物体从静止状态转动起来,只给物体施加合力不为零的外力还是不够的。力对物体转动的影响,不仅与力的大小有关,还与力和转动轴之间的距离有关。比如,用扳手拧螺母远比直接用手拧容易得多,因为手握住扳手的手柄,施力的位置离开螺母中心轴线的距离较远。在力的大小一定的情况下,力与转动轴之间的距离越远,物体转动起来就越容易。

力与转动轴之间的距离用转动轴到力的作用线的垂直距离来表达,称为**力臂**。如图5-5所示,用扳手拧螺母,A 点为施力点,作用力 F 竖直向下,则从螺母中心 O 点到力 F 作用线的距离 OB 即为力臂 L。

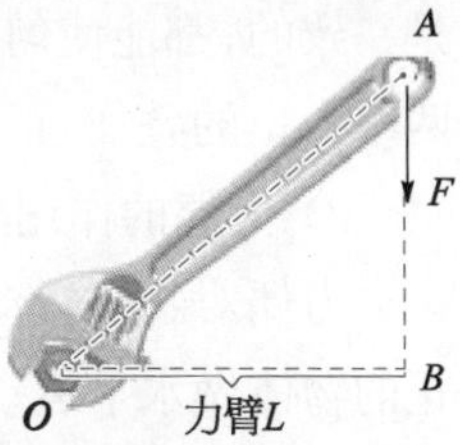

图5-5　力臂

物体旋转状态发生改变是力和力臂的综合效果,通常用它们之间的乘积来表达,称为**力矩**。设力矩为 M,则表达式写为

$$M = F \cdot L \tag{5-1}$$

力矩越大,对物体转动状态改变的影响就越大。当力为零、力臂不为零时,力矩为零,物体的转动状态不发生改变;当力臂为零而力不为零时,物体的转动状态也不会发生改变。

由于力的国际单位为牛顿,力臂的国际单位为米,因此,力矩的国际单位为牛•米,记为 N•m。

2) 力矩的方向

力矩是矢量,其方向可按使物体运动状态发生改变的情况来判断。如果需要使某一物体从静止状态顺时针转动,则施加在物体上大小不为零的力矩相对转轴也应该是顺时针方向;如果物体从静止状态逆时针转动,则施加在物体上大小不为零的力矩相对转轴应该是逆时针方向。所以,力矩的方向有两种情况:顺时针方向及逆时针方向。

2. 力偶

1) 力偶和力偶矩

在实际应用中,要使物体转动状态发生改变,有时会同时作用两个力在这个物体上,如双手转动汽车方向盘、双手转动蒸汽阀门上的操纵杆等,作用在物体上的这两个力有个特点,即这两个力是大小相等、方向相反且不共线的一对平行力。

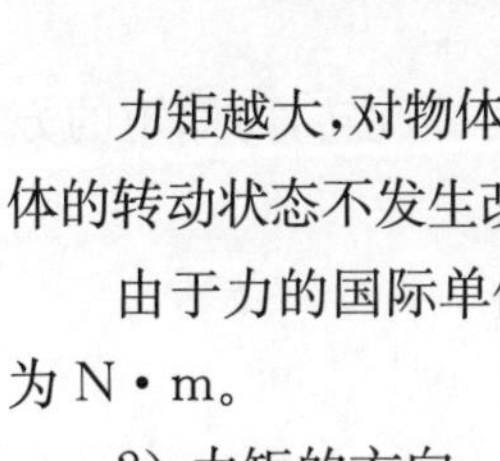

通常施加在同一物体上大小相等、方向相反、不共线的平行力被称为一对**力偶**。形成力偶的两个力作用线之间的距离称为**力偶臂**。如图5-6所示,F_1 和 F_2 是一对大小相等、方向相反且不共线

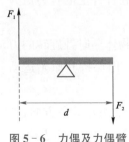

图5-6　力偶及力偶臂

的平行力,因此为一对力偶,F' 和 F'' 作用线之间的距离 d 为力偶臂。

形成力偶的力 F 与力偶臂 d 之间的乘积称为**力偶矩**,以 M 表达:

$$M = F \cdot d \tag{5-2}$$

其单位同样是牛·米(N·m)。

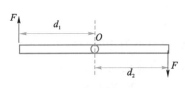

图 5-7　力偶矩可看作
两个力矩叠加

实质上,一对力形成的力偶矩可以看作是两个力矩的叠加。如图 5-7 所示,当一个匀质杆件在形成力偶的一对力 F 作用下绕其中心点 O 旋转,根据式(5-2)可知,其力偶矩 $M = F \cdot (d_1 + d_2)$,其中 $F \cdot d_1$ 为杆件左端作用力相对中心点 O 的力矩,而 $F \cdot d_2$ 是杆件右端作用力相对中心点 O 的力矩,这两个对杆件旋转运动的作用效果是一致的,都能使匀质杆绕 O 点做顺时针旋转,因此,两个力形成的力矩的总体效果就是两个力矩的叠加,正好与力偶矩完全相同。

2) 力偶的作用效果

力偶对物体运动的作用效果与力对物体的作用效果是不完全一样的。力既可以使静止的物体做水平运动,也可以使物体做旋转运动。但是力偶只能使静止的物体转动。

与力矩的作用效果相同,组成力偶的力越大,或是力偶臂越大,力偶矩就越大,对物体的作用效果就越明显;反之,力偶矩越小,对物体的作用效果就越小。

同时,由于力偶矩仍然是可以使静止的物体做顺时针旋转或逆时针旋转,力偶矩的方向仍然可以分为顺时针或逆时针。

三、刚体的平衡

1. 力矩的平衡

一个物体在多个力矩的作用下也可以处于平衡状态。如图 5-8 所示,一个静止的匀质杆件,中心点固定,左右两端与中心点的距离同为 d,左右两端的作用力 F 大小相等,且都竖直向上,则该杆件受到两个力矩的作用,大小均为 $M = F \cdot d$。但是两个力矩的作用方向是不同的,如果撤销右端力 F,杆件将在左端力的作用下绕 O 点顺时针旋转,所以左端力矩的方向为顺时针方

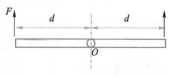

图 5-8　力矩的平衡

向;同样的,如果撤销左端力 F,杆件将在右端力的作用下绕 O 点逆时针旋转,所以右端力矩的方向为逆时针方向。这两个力矩大小相等,方向相反,所以作用在杆件上的合力矩为 0,最终该杆件不会绕 O 点旋转,而是仍然处于静止状态。

当然,如果有更多个力矩作用在有固定转轴的物体上,当所有使物体顺时针旋转的力矩之和等于所有使物体逆时针旋转的力矩之和时,物体将保持平衡,即保持其原始运动状态。

如果规定使物体逆时针旋转的力矩为正方向,使物体顺时针旋转的力矩为负方向,则当物体上作用的所有力矩之和为 0 时,物体会保持平衡,称为**力矩平衡**。力矩平衡表达为

$$\sum M = M_1 + M_2 + M_3 + \cdots = 0 \qquad (5-3)$$

2. 刚体的平衡条件

1) 刚体

在前面章节中分析物体受力时总是不考虑物体的形变,事实上,任何物体在力的作用下都会发生形变,但是由于有些物体的变形量很小,对物体受力情况下的平衡分析几乎没有影响,所以其变形被忽略不计。

在任何外力作用下,大小和形状都不发生变化的物体称为**刚体**。当一个物体在力的作用下发生的形变很小可以被忽略不计时,就可以将之看作是一个刚体。

2) 刚体的平衡条件

一静止不动的匀质杆件,不考虑其受力后的变形,自身重力为 G,受到外力 F_1、F_2 及 G_1 的作用,其中 $F_1 + F_2 = G + G_1$,如图 $5-9$ 所示。

若以 A 为转轴,计算各力对 A 轴的力矩,得

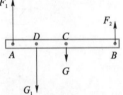

$$F_2 \times AB - G \times AC - G_1 \times AD = 0$$

若以 B 为转轴,计算各力对 B 轴的力矩,得

$$G \times BC + G_1 \times BD - F_1 \times AB = 0$$

图 $5-9$ 刚体的平衡

可见无论是以 A 点为转轴还是以 B 点为转轴,匀质杆受到的合力矩都为 0,所以杆件的静止状态保持不变,由此可得出刚体的**平衡条件**是刚体受到的合力为 0,合力矩也为 0。

一个处于匀速旋转运动的刚体在受到合力为 0,且合力矩为 0 时,其匀速旋转运动状态也会保持不变。

项目实施

处于工作状态的机械设备要保持平衡,必须满足平衡条件,在本项目实施中必须学会计算工作机械受到的合力及和力矩,会根据计算结果分析机械设备的平衡状态,进而采取合适的措施如添加平衡块等对设备的平衡状态进行改进。

一、实施示例

(1) 跨江大桥有很多都是钢索斜拉桥,如图 $5-10$ 所示,大桥的水平桥板 AO 材质均匀,重量为 G,三根与桥面角度为 $30°$ 的平行钢索拉着桥面,其间距满足 $AB = BC = CD = DO$,假设板桥处于平衡状态时每根钢索受力大小相等,试计算其拉力为多大。

解:该水平板桥是可绕 O 点旋转的物体。板桥受到三根钢索拉力力矩及其重力力矩的作用,只有当这些力矩的合力矩为 0 时,该板桥才会处于平衡状态。其受力分析如

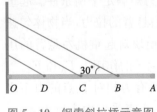

图 $5-10$ 钢索斜拉桥示意图

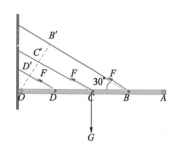

图 5-11 所示。

设钢索拉力为 F，$AB = BC = CD = DO = L$，则三根钢索的拉力 F 的力臂分别是 OD'、OC' 和 OB'，如图 5-9 所示。则由图形可知：

$$OD' = \sin 30° \times OD = 0.5L$$

$$OC' = \sin 30° \times OC = L$$

$$OB' = \sin 30° \times OB = 1.5L$$

图 5-11　钢索斜拉桥受力分析

板桥重力 G 的力臂 $OC = 2L$。

由于钢索拉力力矩的方向是逆时针，为正方向，重力力矩方向是顺时针，为负方向，根据力矩平衡条件可得

$$\sum M = F \times OD' + F \times OC' + F \times OB' - G \times OC = 0$$

$$\therefore F \times 3L - G \times 2L = 0$$

$$\therefore F = \frac{2}{3}G$$

（2）某塔式起重机如图 5-12 所示。起重机机架自重 $P = 800\ \text{kN}$，重力作用线通过机架中心。起重机最大起重量 $G = 220\ \text{kN}$，右侧悬臂长 12 m，轨道 AB 间距为 4 m。为了防止起重机工作时发生侧翻，左侧悬臂需安装一平衡块，设平衡块重为 W，与机身中心线的距离为 6 m，试求：

① 为保证起重机在满载和空载时都不会翻到，平衡块的重量 W 应取值什么范围？

② 若平衡块重 $W = 200\ \text{kN}$，问满载时轨道 A、B 给起重机轮子的作用力各为多少？

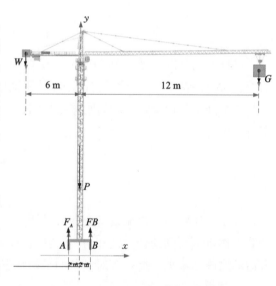

图 5-12　塔式起重机及其受力分析

解：① 要使得起重机不翻到，应使作用在起重机上的所有力矩满足平衡条件。起重机受力分析如图 5-10 所示，分别为吊起物体的吊绳对起重机右悬臂的拉力，当物体匀速运行或静止不动时，该拉力等于物体的重力 G；机架重力 P；平衡块对起重机左悬臂的压力，在平衡块静止时，该压力为平衡块的重力 W；轨道对起重机轮子的作用力 F_A 和 F_B。

起重机满载时，为了保证起重机不会绕着点 B 翻到，上述所有力相对 B 点的力矩之和应为 0。在临界情况下，即起重机全部的重量都压在 B 点上，A 点受地面支持力 $F_A =$

0,这时求出的 W 值是在满载时所需的最小值。此时有：

$$W_{min} \times (6+2) + P \times 2 - G \times (12-2) = 0$$

$$\therefore W = \frac{10G - 2P}{8} = \frac{10 \times 220 - 2 \times 800}{8}$$

$$= 75$$

起重机空载时，负载重量 G 为 0，由于大梁左端配装平衡块后较重，如果起重机会翻倒，则是绕着 A 点翻倒，所以，此时需要起重机受力相对 A 点力矩之和为 0。同样，临界情况下，B 点的支持力 $F_B = 0$，起重机只由 A 点支撑，这时求出的 W 是平衡块重量的最大值。

$$W_{max} \times (6-2) - P \times 2 = 0$$

$$\therefore W_{max} = \frac{2P}{4} = \frac{800}{2} = 400 \text{ kN}$$

所以，当起重机起升处于空载和满载工作时，平衡块的重量应在 75 kN 和 400 kN 之间。

② 当平衡块重量为 200 kN 时，起重机在力 G、P、W 和 F_A、F_B 的作用下平衡，根据钢体平衡条件，如果以 A 点为转动轴，各力对 A 点的力矩之和为 0，则

$$\sum W_A = W \times (6-2) - P \times 2 - G \times (12+2) + F_B \times 4 = 0$$

可得

$$F_B = \frac{14G + 2P - 4W}{4} = 970 \text{ kN}$$

另外，钢体的平衡条件还要求起重机受力的合力为 0。设向上的力为正方向，向下的力为负方向，则

$$\sum F = F_A + F_B - W - P - G = 0$$

所以

$$F_A = 250 \text{ N}。$$

二、实施练习

(1) 学习相关理论知识，思考下列问题。

① 什么是平动？什么是旋转运动？

② 旋转运动的单位是什么？其方向是怎样定义的？

③ 物体做旋转运动的条件是什么？

④ 力矩的定义。力矩的单位是什么？力矩的方向是怎样定义的？

⑤ 力偶的定义。力偶的单位是什么？

⑥ 力矩平衡的条件是什么？

⑦ 刚体的定义。刚体平衡的条件是什么？

(2) 甲、乙二人用一根扁担抬一重物，扁担自重及变形不计，要求甲所承担的压力是

乙的两倍,则重物应挂在扁担上的什么地方? 如果要求二人承担压力相等,重物应挂在扁担什么地方?

(3) 如图 5-13 所示,一起重机的悬臂 AB 长 10 m,自身重力为 4 500 N,重心在悬臂的中心点 C 处,悬臂下端 A 用铰链固定,悬臂可绕 A 点旋转,悬臂上端 B 用钢索 BD 拉住。起升重物被用钢丝绳悬挂在 B 端,重物重力为 15 000 N,当悬臂处于平衡状态时,求钢索 BD 对悬臂的拉力是多少?

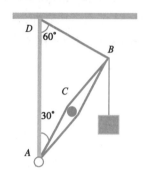
图 5-13　实施练习(3)题图

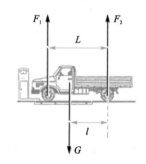
图 5-14　实施练习(4)题图

(4) 图 5-14 所示为地磅称汽车重量的示意图,称重时,把汽车的前轮压在地磅上,称得的结果为 6.6×10^3 N,设汽车前后轮之间的距离 $L = 3$ m,汽车的重心距离后轮 $l = 1.5$ m,求汽车的重量 G 及后轮对地面的压力分别为多少。

要点小结

一、力矩的计算方法

力对某转动轴的力矩,逆时针方向,规定为正力矩;顺时针方向,规定为负力矩。当力与转轴平行时,力对该转轴没有力矩,当力与转动轴成任意角度时,可将力分解为与转轴平行及与转轴垂直的两个方向上的分力,垂直于转轴的分力对轴的力矩就是该力的力矩。

二、力矩的平衡

有固定转动轴的物体的平衡条件是力矩和等于零,即 $\sum M = 0$。

三、一般刚体的平衡

对一般刚体来说,其平衡条件是:所受合力为零,$\sum F = 0$;对任意转轴的合力矩为零,$\sum M = 0$。

四、有固定转动轴的物体受力分析时要注意的问题

(1) 选择合适的转动轴后只分析作用线不通过转动轴的力,因为作用线通过转动轴的力的力矩为零;

(2) 受力分析后做受力示意图,在作受力示意图时力的作用点、作用线不能随意移

动,因为一旦移动了力的作用点或作用线就可能导致该力相对转轴的力矩发生变化,会影响到力矩平衡的分析结果。

项目六 机械能与能量守恒

项目描述

我们在选购家用电器或是工业中使用电机、发动机等设备时,总是以设备功率作为初选依据,在功率满足要求的情况下才会再考虑设备的其他工作特性或是价格,功率代表的是电机或发动机的工作能力,电机或发动机对被驱动机构做功,才会导致被驱动机构的运动状态改变。而任何机械运动过程中总伴随着能量的交换,同样机械设备的工作过程就是能量的交换过程,在能量交换过程中,系统中的总能量总是保持不变的。

本项目主要讲述功、功率、机械运动中动能、势能的概念及其计算方法以及机械能守恒、能量转化及守恒定律。

相关理论

一、功与功率

1. 功

1) 功的大小

一个物体受到力的作用,并且在力的方向上发生了一段位移,这个力就对物体做了功,因此,**功**被定义为力的大小与力的方向上的位移的乘积。按照功的定义可知,判断力是否对物体做了功,力和物体在力的方向上的位移,是两个必不可少的因素。

如图 6-1 所示,作用在物体上的力 F 与物体的位移 l 一致,物体的位移正是力的方向上的位移,所以此时力 F 所做的功 W 为

$$W = Fl \tag{6-1}$$

如图 6-2 所示,作用在物体上的力 F 与物体的位移 l 不一致,位移 l 沿着水平面的方

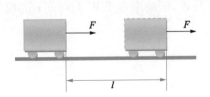

图 6-1 力的方向与位移的方向一致

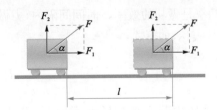

图 6-2 力的方向与位移的方向不一致

向,但是物体所受力 F 与水平面有一夹角为 α,此时力 F 所做的功 W 应该是位移方向上的分力与位移的乘积,有

$$W = F_1 l = F \cos \alpha \cdot l = F l \cos \alpha \qquad (6-2)$$

功的国际单位为焦耳,简称焦,符号为 J。因为功等于力与力的方向上位移的乘积,力的单位是 N,位移的单位是 m,所以功的单位还可以表达为 N·m。功的单位 J 与 N·m 是等价的,$1\,\mathrm{J} = 1\,\mathrm{N} \cdot \mathrm{m}$,该式可以理解为用 1 N 的力使物体在力的方向上产生了 1 m 的位移,该力对物体做了 1 J 的功。

2)正功与负功

功有正功和负功之分。图 6-1 和图 6-2 所示的物体受力的方向均与物体运动方向一致,力对物体做的功为正值,称为**正功**。

图 6-3　力的方向与物体运动的方向

如果作用在物体上的力的方向与物体的运动方向相反,如图 6-3 所示。因为力与速度都是矢量,如果取速度的方向为正,则物体位移为正,则力的方向为负,假设物体位移为 l,则作用在物体上的力为 $-F$,根据功的定义可知,力做的功为:$W = -Fl$。因此,此时作用在物体上的力做的是**负功**。

如果图 6-3 中所示物体在水平方向只受力 F 的作用,且物体的速度方向与该力的方向相反,则该力会阻碍物体的运动,使物体减速运行。

一个力对物体做负功,也称物体克服该力做功,机械设备中的电动机断电后,电机输出轴因为摩擦及负载阻力的原因而慢慢停下来,这里可以说电机输出轴克服摩擦及负载阻力做功,或者说摩擦及负载阻力做负功。

按照功的定义,如果作用在物体上的力与物体运动的方向垂直,则在位移方向上力的分量也为 0,所以此时,力做的功为 0。如图 6-4 所示,光滑平面上的物体受到重力和支持力的作用,但是物体的运动方向为水平方向,因此重力和支持力做的功都是为零的。

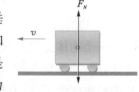

图 6-4　力的方向与物体运动的方向垂直

当一个物体在多个力的共同作用下产生了一段位移,这几个力对物体所做的功等于每个力对物体所做功的代数和,同时也等于这几个力的合力对物体所做的功。

2. 功率

功率是做功的效率,t 时间间隔内,力做的功为 W,则功率等于 W 与时间 t 的比值,功率用 P 表达,如下式:

$$P = \frac{W}{t} \qquad (6-3)$$

功率的国际单位是瓦特,简称瓦,符号为 W。又因为功率等于功与做功时间的比值,功的单位是 J,时间的单位是 s,所以功率的单位还可以表达为 J/s。功率的单位 W 与 J/s

是等价的，$1\,\mathrm{W} = 1\,\mathrm{J/s}$。

如果物体位移的方向与力的方向一致，根据式(6-1)可知 $W = Fl$，代入式(6-3)可得

$$P = \frac{W}{t} = \frac{Fl}{t} = Fv \tag{6-4}$$

所以，当物体位移的方向与力的方向完全一致时，力对物体做功的功率等于力与力的方向上的速度的乘积。

二、动能与重力势能

1. 动能

1) 能量

由于力是由一个物体施加给另外一个物体的，所以力对物体做功，其实就是一个物体对另外一个物体做功。物体对外界做功是需要物体本身具备能量，如举高的铁锤将木桩打入土里做功，内燃机气缸里高温高压的气体推动活塞移动做功等，都是因为做功的物体具备能量。

一个物体对另外一个物体做功的过程总是伴随能量的改变，功是能量改变的量度，一个物体对外界做了多少功，这个物体的能量就会减少多少；相反的，外力对一个物体做了多少功，被做功的物体能量就会相应的增加多少。功和能是两个密切联系的物理量。

2) 动能

动能是指物体因运动而具有的能量。

假设一个原来静止的物体在外力的作用下发生了一段位移，这个外力对物体做了功，同时物体运动状态改变具有了速度，因此物体具有了动能，而动能的产生就是因为外力对物体做功造成的，外力对物体做了多少功，物体就获得了多少动能。

设该物体的质量为 m，初始时处于静止状态，没有运动，也就没有动能。在外力 F 作用下，物体的加速度为 a，经过位移 l 后得到的末速度为 v，设外力的方向与物体运动的方向一致(如图 6-1 所示的情况)，则外力做功为 $W = Fl$，又根据牛顿第二定律可知力 F 与加速度 a 之间的关系为 $F = ma$，而 $v^2 = 2al$，所以有

$$W = ma \times \frac{v^2}{2a} = \frac{1}{2}mv^2 \tag{6-5}$$

上式说明外力对物体做的功还可以用物体的质量及物体加速后的末速度来表达，如果物体在加速之后做匀速运动，该速度就是物体匀速运动的速度。又因为外力对物体做的功转化成为物体的动能，因此，在速度为 v 时，物体的动能就等于这个外力做功的大小。如果用 E_k 表示动能，则动能的表达式为

$$E_k = \frac{1}{2}mv^2 \tag{6-6}$$

动能是标量，只有大小没有方向。在国际单位中，动能的单位与功的单位是一样的，

都是焦耳。

3）动能定理

如果一个运动的物体受到外力的作用产生加速度导致速度增加，则物体的动能增加，此时，外力对物体做的功等于物体动能的增量。

设做匀加速直线运动物体质量为 m，初速度为 v_1，在恒定外力 F 作用下产生与力的方向一致的位移 l，加速度为 a，速度增加到 v_2，则物体开始时的动能为 $\frac{1}{2}mv_1^2$，速度增加后的动能为 $\frac{1}{2}mv_2^2$。

在此期间外力 F 做功为 $Fl = mal$，又因为 $v_2^2 - v_1^2 = 2al$，$l = \dfrac{v_2^2 - v_1^2}{2a}$。

所以

$$W = Fl = mal = ma \times \frac{v_2^2 - v_1^2}{2a}$$

$$\therefore W = m \times \frac{v_2^2 - v_1^2}{2} = \frac{1}{2}mv_2^2 - \frac{1}{2}mv_1^2$$

上式可以简写为

$$W = E_{k2} - E_{k1} \tag{6-7}$$

上式表明，外力对物体做的功等于物体动能的增加量。如果物体受到的外力有多个，则外力对物体所做的总功等于物体动能增量，这个结论称为**动能定理**。

2. 重力势能

1）重力做功的特点

如果一个质量为 m 的物体从距离地面高度为 h 的地方自由落体落到地面上，如图 6-5 所示。相对地面来说，物体在重力的方向上的位移为 h，根据功的定义，则重力所做的功为

$$W = mgh \tag{6-8}$$

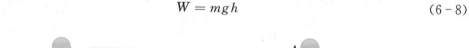

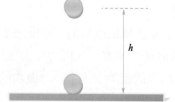
图 6-5　重力作用下位移为 h 的物体

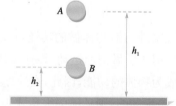
图 6-6　重力作用下物体从 A 位置到 B 位置

如果该物体从距离地面高度为 h_1 的 A 位置，在重力作用下做自由落体运动，下落到距离地面高度为 h_2 的 B 位置，如图 6-6 所示。则物体在重力作用下的位移为 $h_1 - h_2$，所

以，重力做的功为

$$W = mg(h_1 - h_2) = mgh_1 - mgh_2 \tag{6-9}$$

如果物体在重力作用下，从距离地面高度为 h_1 的 A 位置下落到距离地面高度为 h_2 的 B 位置，再水平移动到 C 位置，如图 6-7 所示。由于，物体从 B 位置运动到 C 位置时的运动方向与重力方向垂直，这个阶段重力不做功，重力做功的阶段仍然是从 A 位置下降到 B 位置，位移仍然为 $h_1 - h_2$，所以，重力做功仍然是 $W = mg(h_1 - h_2) = mgh_1 - mgh_2$。

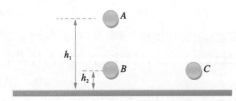 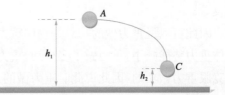

图 6-7　物体从 A 位置到 B 位置再到 C 位置　　　图 6-8　物体沿曲线运动从 A 点运动到 C 点

如果物体沿着一条曲线从 A 点运动到 C 点，如图 6-8 所示。A 点距离地面高度为 h_1，C 点距离地面高度为 h_2，由于在重力方向上，物体的位移仍然是 $h_1 - h_2$，重力做功仍然是 $W = mgh_1 - mgh_2$。

因此，由上述分析可知，重力对物体做的功，跟物体的运动路径没有关系，只跟物体在重力方向上的起始位置和终止位置有关。当同一物体在重力方向上的起始位置和终止位置相同时，不管其运动路径怎样，重力做的功都是相同的，这就是重力做功的特点。

2) 重力势能

外力对物体做功，总是对应物体能量的改变。所以重力对物体做功，也会导致物体能量的变化，同时，由于重力作用导致物体的高度位置发生变化，所以，重力做功造成的能量变化还与物体的位置高度有关，这种与物体重力有关还与物体的位置高度有关的能量被定义为重力势能。即物体由于被举高而具有的能被称为**重力势能**。

设质量为 m 的物体在外力作用下被从距离地面 0 m 的地方举高到距离地面 $h(\mathrm{m})$ 的地方，则其重力势能为 E_p 为

$$E_\mathrm{p} = mgh \tag{6-10}$$

3) 重力做功与重力势能的关系

由于重力的方向是竖直向下的，在物体被举高的过程中，由于物体的速度方向为竖直向上，而重力方向竖直向下，正好与速度方向相反，阻碍物体的运动，因此重力所做的功为负功。

如图 6-9 所示，一物体从高度为 h_2 的 B 点上升到高度为 h_1 的 A 点。根据重力势能的定义可知，在 B 点时，物体的重力势能为 mgh_2，在 A 点时，物体的重力势能为

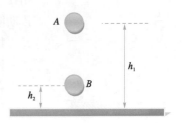

图 6-9　物体从 B 位置上升到 A 位置

mgh_1，则物体重力势能的变化量为 mgh_1-mgh_2，物体的重力势能增加了。而在此过程中，物体沿重力方向的位移是 h_1-h_2，而重力与速度方向相反，且速度方向为正方向，则重力为 $-mg$，重力做负功，为 $-mg(h_1-h_2)=mgh_2-mgh_1$，与物体重力势能的变化量大小相同，符号相反。

反过来，如果物体是从 A 位置自由落体下降到 B 位置，则物体重力势能的变化量为 mgh_2-mgh_1，物体的重力势能减少了。而物体自由落体运动时，重力方向与速度方向一致，重力做正功，为 mgh_1-mgh_2，同样的也与物体势能变化量大小相等，符号相反。

因此可以说重力做的功总是物体重力势能变化量的相反数，事实上，重力做功会导致物体重力势能减小，重力做了多少功，重力势能就减少了多少。物体在被举高的过程中是要克服重力做功的，因此说此时重力做的是负功。

如图 6‑10 及图 6‑11 所示，起重机起升重物时，重力做负功，重物的重力势能增加；当起重机下降重物时，重力做正功，重物的重力势能减小。

图 6‑10　重物起升，重力势能增加

图 6‑11　重物下降，重力势能减小

三、机械能守恒定律

1. 动能与势能的相互转化

物体做自由落体运动时或沿着光滑的水平面滑下时，重力做正功，物体的重力势能减小，但同时，物体的速度会越来越快，物体的动能跟着增加；反过来，当一个物体被竖直向上抛起，在空中运行时只受重力作用，物体的高度越来越高的，物体克服重力做功，重力势能增加，但物体速度越来越慢，动能减小。究其原因，是因为物体的重力势能与动能能够相互转化，重力势能减小会导致动能增加，重力势能增加也会导致动能减小。

物体的势能和动能统称为**机械能**，物体通过重力做功，可以把一种形式的机械能转化为另一种形式的机械能。

2. 机械能守恒

如图 6‑12 所示，在一光滑的曲面上一物体此刻处于位置 A，设此时的动能为 E_{k1}，重力势能为 E_{p1}，此时的总机械能为 $E_1=E_{k1}+E_{p1}$。物体沿着光滑的曲线在重力作用下运动到 B 点，

图 6‑12　物体机械能守恒

设此时的动能为 E_{k2}，重力势能为 E_{p2}，此时的总机械能为 $E_2 = E_{k2} + E_{p2}$。

物体在运行过程中只受重力作用，物体从 A 点运动到 B 点，重力对物体做正功，物体的重力势能减小，而减小的重力势能值就等于重力做功的大小，即

$$W = E_{p1} - E_{p2}$$

而物体从 A 点运动到 B 点，在重力作用下物体做加速运动，其速度增加，动能增加，动能增加是由于重力做功造成的，增加的动能也等于重力做功的大小，即

$$W = E_{k2} - E_{k1}$$

又因为重力做功是相等的，所以有

$$E_{p1} - E_{P2} = E_{k2} - E_{k1}$$

$$\therefore E_{p1} + E_{k1} = E_{k2} + E_{p2}$$

也就是物体在 A 点的总机械能 E_1 等于物体运动到 B 点后的机械能 E_2。

由此可得**机械能守恒定律**为：在只有重力或弹力做功的物体系统内，动能与势能可以互相转化，而且总的机械能保持不变。

四、能量转化与守恒

大自然中的能量有多种形式，除了机械能之外，还有内能、电能、光能、化学能等。能量既不会消失，也不会创生，它只能从一种形式转化为另一种形式，或者从一个物体转移到另一个物体，如：发动机带动发电机发电，是将电能化为机械能；电机启动，驱动机械设备运行，是将电能转化为机械能、能量从电机转移到机械设备的过程。

系统中如果有摩擦，摩擦生成的内能会造成机械能的损失，机械能的减少量为系统克服摩擦力做的总功，可以用摩擦力与摩擦力方向上的位移的乘积进行计算。因为摩擦转化为内能导致机械能不能被充分利用，此时，机械能是被损失掉了。

但是能量在转化和转移的过程中，能量的总量总是保持不变的。**能量转化与守恒定律**是自然界普遍存在的规律，即能量既不会凭空产生，也不会凭空消失，它只能由一种形式转化为另一种形式，或者从一个物体转移到另一个物体，在转化或转移的过程中其总量保持不变。比如忽略空气阻力的情况下，自由落体的物体位置变低，但是速度增加，在此过程中势能减少，减少的势能被转化为了动能，总机械能不变；反过来，当一个物体被竖直上抛，向上运动的过程中，位置变高，势能增加，而速度减小，动能减少，减少的动能转化成了势能，总机械能保持不变。

项目实施

理解力做功及功率的概念，能够帮助我们更好地理解力的作用效果。理解机械设备中的能量转换也能更好地理解设备中各机构的运动状态。项目实施的过程中要求理解力

做功、功率的概念及其在设备中的重要意义,学会利用能量分析的方法求出设备机械运动中的受力或速度等相关参数。

一、实施示例

(1) 图 6-1 中所示的静止在光滑水平面上的物体,在力 F 的作用下,产生的位移为 l,试求物体的末速度为多少?

解:由于外力对物体做功为 $W=Fl$,而做的功转化为物体的动能,所以

$$Fl = \frac{1}{2}mv^2$$

$$\therefore v = \sqrt{\frac{2Fl}{m}}$$

(2) 已知一组合机床的动力滑台及其上工作机构总质量 M 为 100 kg,受到液压系统的驱动力为 500 N,在导轨上由静止状态开始快进(即还未进行工件加工)做匀加速运动,导轨滑动摩擦因数 μ 为 0.2,当动力滑台速度到达 0.1 m/s,位移是多少?

解:动力滑台在导轨上运行,受到的滑动摩擦力 f_2 的方向与驱动力 f_1 的方向相反,取驱动力的方向为正,则摩擦力的方向为负,所以

$$f_2 = -mg\mu = 100 \times 9.8 \times 0.2 = -196 \text{ N}$$

动力滑台受到的合力为

$$f_1 + f_2 = 500 - 196 = 304 \text{ N}$$

合力方向与动力滑台运动方向一致,设动力滑台位移为 l,则合力做功为 $304l$ 焦耳,根据动能定理可知合力做的功等于物体动能增量,动力滑台初始动能为 0,所以有

$$304l = \frac{1}{2} \times 100 \times 0.1^2$$

$$\therefore l = 0.0016 \text{ m} = 1.6 \text{ mm}$$

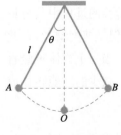

图 6-13 单摆运动
示意图

(3) 如图 6-13 所示的一个单摆,单摆摆长为 l,忽略悬绳的弹性,将小球拉起到与竖直方向呈 θ 的 A 位置由静止放下,忽略空气阻力,求小球运动到最低位置 O 点时的速度是多少?

解:小球从 A 点运动到 O 点过程中受到绳的拉力和重力作用,由于绳对小球的拉力方向与小球的运动方向一直处于垂直状态,拉力不做功,只有重力做功,因此,小球运动过程中遵循机械能守恒定律。

小球在 A 点静止,动能 $E_{k1} = 0$,小球相对 O 点的高度为:$h = l - l\cos\theta$,所以在 A 点时相对 O 的重力势能为 $E_{p1} = mgh = mgl(1-\cos\theta)$。

小球在 O 点时,因为相对 O 点高度为 0,所以其重力势能为 $E_{p2} = 0$,设速度为 v,则动

能为 $E_{k2} = \dfrac{1}{2}mv^2$。

由于小球系统遵循机械能守恒，所以有

$$0 + mgl(1 - \cos\theta) = \dfrac{1}{2}mv^2 + 0$$

$$\therefore v = \sqrt{2gl(1 - \cos\theta)}$$

（4）如图 6 - 14 所示，倾斜放置的传送带与水平面之间的夹角为 $\theta = 30°$，传送带上 A、B 两点间的距离为 5 m，传送带在电动机驱动下以 $v = 1$ m/s 的速度匀速运动，现将一质量为 10 kg 的小物体（可视为质点）轻轻地放到传送带上的 A 点，已知小物体与传送带之间的滑动摩擦因数为 $\mu = \dfrac{\sqrt{3}}{2}$，在传送带将小物体从 A 点传送到 B 点的过程中，取 $g = 10$ m/s²，求：

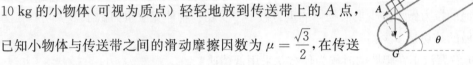

图 6 - 14　实施示例题(4)图

① 传送带对小物体做的功；

② 电动机做的功。

解：① 首先对小物体进行受力分析，如图 6 - 14 所示，其受到的力分别为重力 G，传送带的支持力 F_1，传送带对它的摩擦力 F_2，该物体随传送带一起运行，加速度方向沿着传送带的方向向上，所以对物体的重力进行分解，分解为沿着传送带向下方向及垂直于传送带向下方向上的两个分力，根据牛顿第二定律可知沿着物体加速度方向下式成立：

$$\mu mg\cos\theta - mg\sin\theta = ma$$

解得 $a = \dfrac{1}{4}g = 2.5$ m/s²；

当小物体的速度为 1 m/s 时，小物体的位移为

$$l_1 = \dfrac{v^2}{2a} = 0.2 \text{ m}$$

即小物体匀速运动了 $l_2 = l - l_1 = 4.8$ m，由功能关系可得

$$W = \Delta E_k + \Delta E_p = \dfrac{1}{2}mv^2 + mgl\sin\theta = 255 \text{ J}$$

② 电动机做功使小物体机械能增加，同时小物体与传送带间因摩擦产生热量 Q 也是由电动机做功获得。

小物体与传送带的相对位移 $l' = v \cdot \dfrac{v}{a} - l_2 = 0.2$ m。

摩擦生成的热量 $Q = F_2 l' = \mu mg\cos\theta l' = 15$ J。

故电动机做的功为 $W_{总} = W + Q = 255$ J $+ 15$ J $= 270$ J。

二、实施练习

（1）学习相关理论知识，思考下列问题。

① 物体做功的两个因素是什么？功怎样计算？

② 功率的含义是什么？怎样计算功率？

③ 怎样理解正功和负功？为什么说当物体位置升高时，其重力做的是负功？

④ 怎样理解一个物体做功与其能量改变的关系？

⑤ 什么是动能？动能怎么计算？

⑥ 什么是重力势能？重力势能是怎样计算的？

⑦ 什么是物体的机械能？怎样理解机械能守恒？

（2）用起重机把一重力为 2.0×10^4 N 的物体匀速提升到 5 m 高处，求此时起重机起升钢丝绳的拉力做了多少功？物体的重力做了多少功？物体克服重力做了多少功？拉力和重力做的总功是多少？

（3）解释汽车在爬坡的时候为什么总采用低档速？

（4）某型号汽车发动机的额定功率是 60 kW，在水平地面上行驶时受到的阻力为 1 800 N，求发动力在额定功率下汽车匀速运动可达到的最大速度？如果在同样的路面阻力下，汽车行驶速度为 54 km/h，则发动机实际输出功率是多少？

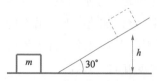

图 6 - 15　实施练习(5)题图

（5）如图 6 - 15 所示，一个可看作质点的物体质量为 m，以初速度 v_0 由底端冲上倾角为 30°的固定斜面，上升的最大高度为 h，其加速度大小为 $\frac{3}{4}g$，试分析在物体到达最高处时其重力势能、动能及机械能分别变化了多少？

（6）如图 6 - 16 所示，一个质量为 m 的足球，从地面 A 的位置被踢出后落在地面 C 的位置，运行过程中在位置 B 达到最高点，高度为 h。试求：

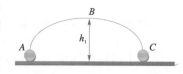

图 6 - 16　实施练习(6)题图

① 足球由位置 A 运动到位置 B 时，重力做了多少功？足球克服重力做了多少功？足球的重力势能增加了多少？

② 足球由位置 B 运动到位置 C 时，重力做了多少功？足球的重力势能减少了多少？

③ 足球由位置 A 运动到位置 C 时，重力做了多少功？足球的重力势能变化了多少？

（7）如图 6 - 17 所示，两个物体 A 和 B，质量均为 M，分别系在一根不计质量、不计弹性的细绳两端，绳子跨过固定在倾角为 30°的光滑斜面顶端的定滑轮上，斜面也为固定，开始时物体 B 正好静止放置于斜面底端，细绳为拉直状态，这时物体 A 离地面的高度为 0.8 m。若摩擦力均不计，从静止开始放手让物体 A、B 运动起来，若取 $g = 10$ m/s²，求：

① 物体 A 着地时的速度。

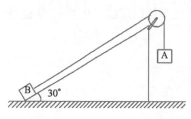

图 6 - 17　实施练习(7)题图

② 物体 A 着地后物体 B 继续沿斜面向上滑行的最

大距离。

(8) 足够长的水平传送带始终以速度 v 匀速运动,某一时刻往传送带上放下一个小物体,物体质量为 m,初速度大小也是 v,但方向与传送带的运动方向相反,最后小物体的速度会与传送带相同。试求:在小物体与传送带间相对运动的过程中,滑动摩擦力对小物体做的功 W 为多少。

要点小结

一、功

(1) 功与物体在力的作用下的位移有关,是一个过程量。

(2) 功仅与力及力方向上的距离有关,与物体所受的其他外力、速度、加速度等无关。

(3) 几个力的合力对一个物体所做的功等于这几个力分别对物体做功的代数和,即 $\sum W = W_1 + W_2 + \cdots + W_n$。

二、重力做功特点

物体运动时,重力对它做的功只跟它的初、末位置有关,而跟物体运动的路径无关。

三、机械设备中发动机的功率

额定功率:指发动机正常工作时最大输出功率。

实际功率:指发动机实际输出的功率即发动机产生牵引力的功率,一般情况下发动机的实际输出功率应该小于等于其额定功率。

四、重力势能

(1) 计算重力势能时总是要选取一个参考面,参考面的重力势能为零;

(2) 重力势能的参考面原则上可以任意选取,但通常以地面为参考面,没有确定的参考面,重力势能是无法计算的;选取的参考面不同,物体具有的重力势能是不同的,但重力势能的改变量与参考面的选取无关,只与其位置变化量有关。

(3) 重力势能是标量,但有正负。重力势能为正,表示物体在参考面的上方;重力势能为负,表示物体在参考面的下方;重力势能为零,表示物体在参考面上。

五、重力做功与重力势能变化的关系

(1) 物体的高度下降时,重力做正功,重力势能减少,重力势能减少的量等于重力所做的功;

(2) 物体的高度增加时,重力做负功,重力势能增加,重力势能增加的量等于物体克服重力所做的功。

(3) 重力势能变化只与重力做功有关,与其他力做功无关。

六、功是能量转化的量度

不同形式的能量之间的转化是通过做功实现的,做功的过程就是各种形式的能量之间转化或在不同物体之间转移的过程;做了多少功,就有多少能量发生转化或转移。

七、机械能守恒条件

从做功角度：只有重力或弹力做功，没有其他力做功；必须是其他力不做功或其他力做功的代数和为零；系统内如摩擦阻力对系统不做功。

从能量角度：首先只有动能和势能之间的能量转化，没有其他形式能量转化；只有系统内能量的交换，没有与外界的能量交换。

物体受合力为零并不代表机械能守恒。

八、机械能守恒的两种表达方法

（1）式 $\Delta E_p = -\Delta E_k$ 表示系统或物体机械能守恒时，系统减少（或增加）的势能等于增加（或减少）的总动能。

（2）式 $\Delta E_{A增} = \Delta E_{B减}$，表示若系统由 A、B 两部分组成，则 A 部分物体机械能的增加量与 B 部分物体机械能的减少量相等。

九、能量守恒定律

能量守恒定律表达的是自然界中任何形式的能量之间都可以互相转化，但转化过程并不减少转化前后能量的总量。

机械工程中的直流电和交流电

项目七　认识静电场

项目描述

日常生活中及工业生产都离不开电,家用电器、工业生产中用电设备都要依靠电力驱动。早期的科学家认识电及其作用是从认识电荷的产生、特性及静电场开始的。

我们经常会发现这样的现象：干燥的天气里,用塑料梳子梳头,头发会"飞"起来;从身上脱下针织毛衣时,会听到微弱的"噼啪"响声。研究人员发现,头发飘起、脱毛衣时发出声响都是因摩擦产生了电荷的原因。

有时,在马路上能看到行驶的油罐车拖一根铁链在地上,是因为油罐车行驶时,罐内的液体会因摩擦产生电荷,铁链则可以将产生的电荷导入地面,防止油罐车因电荷聚集过多时放电产生危险。

本项目描述的是电学的基础内容,包括电荷的产生及特性,电场及其特性,电势及电势能的基本概念及相关计算。

相关理论

一、电荷

1. 正电荷与负电荷

自然界有两种电荷：正电荷,其代表为与丝绢摩擦过的玻璃棒所带的电荷;负电荷,如与毛皮摩擦过的硬橡胶棒所带的电荷。

构成物质的原子是由带正电荷的原子核与核外带负电荷的电子构成的,但是由于原子核的正电荷数量与电子的负电荷数量一样,所以整个原子对外表现出的是不带电的中性状态。

电荷具有同性电荷相互吸引,异性电荷相互排斥的特性。对于原子来说,原子核外的电子由于核内质子的吸引力一直保持在原子核附近,一般不会脱离出去。但是,由于离原子核较远的电子受到质子的吸引力较小,容易受到外界的作用而脱离原子,当两个物体互相摩擦时,一些受吸引力较小的电子就会从一个物体转移到另一个物体。这样就导致获得电子的物体中负电子数量增加,负电荷多于正电荷使物体带负电,而失去电子的物体负电荷数量减少,正电荷多于负电荷,而显示出带正电的特性,这就是通常所说的摩擦生电。

电荷不仅可以从一个物体转移到另一个物体,还可以从物体的一部分转移到物体另一部分,这个转移过程称为**静电感应**。

因此,物体带电的原因有两种,一种是摩擦生电,一种是静电感应生电。

摩擦生电或静电感应生电的实质是电荷在物体之间或物体内部不同部分间的转移。电荷既不会创生,也不会消灭,它只能从一个物体转移到另一个物体,或者从物体的一部分转移到另一部分,而且在转移过程中,电荷的总量保持不变,这个规律被称为**电荷守恒定律**。

2. 元电荷

电荷的多少叫**电荷量**,国际单位是库伦,简称库,用 C 表示。正电荷的电荷量为正值,负电荷的电荷为负值。

物体原子中的电子所带的电荷量是目前科学家发现的最小电荷量,这个最小的电荷量被定义为**元电荷**,用 e 表示。任何带电体所具有的电荷量都为 e 或者 e 的整数倍。

目前测得的元电荷的精确值为

$$e = (1.602\ 177\ 33 \pm 0.000\ 000\ 49) \times 10^{-19}\ \text{C}$$

计算时通常取:

$$e = 1.60 \times 10^{-19}\ \text{C}$$

原子中电子的电荷量 e 与电子的质量 m 之比,叫作电子的**比荷**,因为电子的质量 $m = 9.1 \times 10^{-31}$ kg,所以电子的比荷为

$$\frac{e}{m} = 1.76 \times 10^{11}\ \text{C/kg}$$

3. 库仑定律

1)库仑定律

电荷之间也有相互作用力,而且相互作用力的特性是同种电荷产生相互排斥力,异种电荷产生相互吸引力;而且,电荷之间的作用力随着电荷量的增大而增大,随着距离的增大而减小。

英国科学家卡文迪许最先确定了电荷之间的作用力与它们的距离之间具有定量的关系。法国物理学家库仑在前人工作的基础上通过实验研究的方法不仅验证了电荷之间的

作用力与它们之间的距离有关,而且还给出了电荷间的作用力与电荷量的关系,最终获得电荷间作用力的规律,称为**库仑定律**:真空中两个点电荷之间的相互作用力,与它们的电荷量成正比,与它们的距离的二次方成反比,作用力的方向在它们的连线上。电荷间这种相互作用力叫作**静电力**或**库仑力**,可用表达式表达为

$$F = k\frac{q_1 q_2}{r^2} \tag{7-1}$$

其中,k 是比例系数,叫作静电力常量。

电荷量的国际单位是库仑(C),力的国际单位是牛顿(N),距离的单位是米(m),因此常量 k 的国际单位为 N・m²/C,其数值由实验测得

$$k = 9.0 \times 10^9 \text{ N} \cdot \text{m}^2/\text{C}^2$$

式(7-1)表达的含义是:两个电荷量为 1 C 的点电荷在真空中的距离为 1 m 时,其相互作用力是 9.0×10^9 N,可见,库仑是一个非常大的电荷单位。通常一把梳子和衣袖摩擦后所带的电荷量不到百万分之一库仑。

2) 点电荷

此外,库仑定律中提到了"点电荷",点电荷与力学中的质点类似,也是一种理想化的物理模型。因为实际上任何带电体都有形状和大小,带电体上的电荷也不会只集中于一点,当带电体间的距离比它们自身大小要大得多的时候,带电体的形状、大小及电荷分布状况对它们之间的作用力的影响非常小,可以忽略不计,这时带电体就可以看作是一个带电的点,叫作**点电荷**。

如果有两个以上的点电荷,则每个点电荷都要受到其他所有点电荷的作用力,但是第三个点电荷的存在不会影响两个点电荷之间的作用力。因此,两个或两个以上点电荷对某一个点电荷的作用力,等于各点电荷单独对这个电荷的作用力的矢量和,可用力的合成方法即平行四边形定则求出。

3) 库仑定律的适用范围

库仑定律描述中明确说明点电荷是指真空中的点电荷,因此库仑定律只适合于真空中的两个静止点电荷相互作用。库仑力表达式中的比例系数 k 可以表示为

$$k = \frac{1}{4\pi\varepsilon_0} = 9.0 \times 10^9 \text{ N} \cdot \text{m}^2/\text{C}^2 \tag{7-2}$$

其中,ε_0 称为真空介电常数。

二、电场与电场强度

1. 电场

电荷之间产生了作用力,但是电荷之间并没有互相接触,这种现象曾被认为是一种既不需要媒介,也不需要经历时间的直接发生的"超距"力。库仑定律虽然给出了两点电荷之间的相互作用力,但不能解释作用力的传递途径。19 世纪 30 年代,英国科学家

法拉第提出：在电荷的周围存在着由它产生的电场，处在电场中的其他电荷受到的作用力是由电场施加的。如果有两个电荷 A 和 B，电荷 A 对电荷 B 的作用力实际上是电荷 A 的电场对电荷 B 的作用；电荷 B 对电荷 A 的作用力，就是电荷 B 的电场对电荷 A 的作用。

只要电荷存在，其周围就有电场，由静止电荷产生的电场称为**静电场**；电场对放入其中的电荷产生力的作用，称为**电场力**。

电场虽然看不见、摸不着，也没有静止质量，但是电场与实物一样具有能量、动量和质量，电场与实物一样也是物质存在的一种形态。

2. 电场强度

电场是有强弱之分的，通常用电场强度来表达。

可以采用一个**检验电荷**来检验电场的存在及电场的强弱，这个检验电荷必须是一个电荷量很小、体积也很小的点电荷，以避免检验电荷本身的电场对被检验的电场造成过大的影响，并且体积小的点电荷更便于精确定位于要研究电场中的某一点。

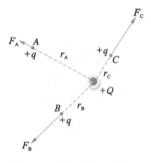

图 7-1 处于电场不同位置的检验电荷

将一个正的检验电荷 $+q$ 放在由正电荷 $+Q$ 形成的电场的不同位置，如图 7-1 所示。

由于检验电荷和被测电荷是两个正电荷，检验电荷在电场中受到斥力的作用，当检验电荷处于电场的 A 位置时，与电荷 $+Q$ 距离为 r_A，由库仑定律可知，电场对检验电荷的作用力 $F_A = \dfrac{kqQ}{r_A^2}$；如果在该处放一电荷为 $+q'$ 的检验电荷，受到的电场力 $F_A' = \dfrac{kq'Q}{r_A^2}$；求两个检验电荷的电场力与电荷量的比值得

$$\frac{F_A}{q} = \frac{kQ}{r_A^2}; \ \frac{F_A'}{q'} = \frac{kQ}{r_A^2}$$

由此可见，不同电荷量的检验电荷在同一电场的同一位置受到的电场力与电荷量之比是一个与检验电荷的电荷量无关的恒值。

同样，如果把电荷 $+q$ 放入电荷 $+Q$ 电场的 B 点和 C 点，得到的电场力与电荷量之比分别为 $F_B = \dfrac{kQ}{r_B^2}$ 和 $F_C = \dfrac{kQ}{r_C^2}$，都是与检验电荷的电荷量无关、与检验电荷所在距离有关的恒值。而且这个比值越大，代表检验电荷所处位置的电场力越大。

上述结论不仅只针对正电荷产生的电场，针对所有电荷产生的电场都是成立的，所以可以用上述比值来表达电场的强弱：放入电场某处的电荷所受的电场力与该电荷的电荷量之比称为该点处的**电场强度**，表达为

$$E = \frac{F}{q} \tag{7-3}$$

其中，E 表示电场强度，F 为电荷 q 在此处的电场力。

由于力的单位为 N，电荷量的单位为 C，所以电场强度的单位应是 N/C。该表达式的意义是如果 1 C 的电荷在电场中的某点受到的静电力是 1 N，这点的电场强度就是 1 N/C。

电场强度是有方向的矢量。通常将正电荷在该点所受的静电力的方向规定为电场中某点的电场强度的方向，因此，负电荷在该点所受的静电力的方向是与电场强度的方向相反的。如图 7-2 所示，(a)和(b)分别为正电荷在正电荷电场中的场强方向及在负电荷电场中的场强方向。

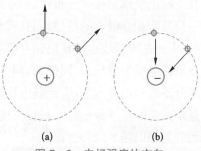

图 7-2 电场强度的方向

从电场强度表达式可知，场强与电荷在电场中的位置有关，如果某区域中场强的大小、方向均不随位置的变化而变化，该电场被称为**匀强电场**。带有等量异种电荷的一对平行金属板，如果两板相距很近，它们之间的电场，除边缘部分外，可以看作匀强电场，在两板的外面几乎没有电场。

3. 电场强度的叠加

在静电场中电场强度是不随时间而改变的，而且在同一静电场中，不同位置的电场强度一般是不同的。产生电场的电荷被称作**场源电荷**，电场强度与产生它的场源电荷存在着定量的关系。

一般拿点电荷作最简单的场源电荷。设一个点电荷的电荷量为 Q，与之相距 r 的检验电荷的电荷量为 q，根据库仑定律，检验电荷所受的电场力为

$$F = k\frac{Qq}{r^2}$$

则该点处的电场强度的大小为

$$E = k\frac{Q}{r^2}$$

可见，场源电荷产生的电场，在某一点处的电场强度与场源电荷的电荷量成正比，与该点离开场源电荷的距离的平方成反比。

如果形成电场的场源是由多个点电荷形成的，则由多个点电荷共同形成的叠加电场中某点的电场强度等于各个点电荷单独在该点产生的电场强度的矢量和。

如果一个比较大的带电物体不能看作点电荷，可以把它分成足够小的若干小块，把每小块所带的电荷都看成点电荷，然后用点电荷电场强度叠加的方法计算整个带电体的电场强度。原则上任意一个带电物体的场强都可以看作是多个点电荷场强叠加而成的。

4. 电场线

科学家法拉第提出采用电场线的方法来描述电场，表达电场强度的大小和方向，以方

便对电场的研究。

　　电场线是画在电场中的一条条有方向的曲线,曲线上每点的切线方向表示该点的电场强度方向。如图 7-3 所示,(a)和(b)分别是孤立正、负电荷的电场线,点电荷的电场线在空间上呈球对称性分布;(c)为两个近距离带等量异种点电荷电场的电场线,因为异性电荷具有相互吸引的特性,而且其相互吸引力是由两个电荷各自的电场分别施加给对方的,因此其电场线也表现出相互吸引并连接在一起的特性;(d)为两个近距离带等量同种点电荷电场的电场线,同样的,同性电荷相互排斥,其相互排斥力是由两个电荷各自的电场分别施加给对方的,因此其电场线也表现出相互排斥,往两边弯曲的特性;(e)为两个近距离带等量异种电荷平行板形成的电场线,两块平行板之间的电场可以看作是较为典型的匀强电场。

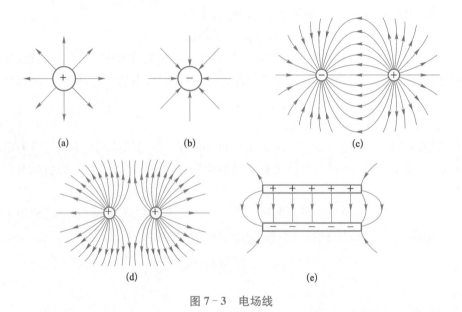

图 7-3　电场线

　　电场线并不是实际存在的线,而是为了形象的描述电场而假想的线。电场线有以下几个特点:

　　(1) 电场线从正电荷处或无限远处出发,终止于无限远处或负电荷处,如图 7-3 中(a)和(b)的点电荷的电场线;

　　(2) 电场线在电场中不相交,这是因为在电场中任意一点的电场强度不可能有两个方向;

　　(3) 同一个电场的电场线图中,电场强度较大的地方电场线较密,电场强度较小的地方电场线较疏;因此在同一幅图中可以用电场线的疏密来比较各点电场强度的大小。

　　(4) 对于匀强电场,由于方向相同,匀强电场中的电场线应该是平行的;又由于电场强度大小相等,电场线的密度应该是均匀的。所以匀强电场的电场线是间隔相等的平行线,如图 7-3 (e)中两平行板之间的电场。

5. 电场中的导体

1）静电感应与静电平衡

具有导电功能的导体的内部具有大量的可以自由移动的电荷。对于金属导体来说，其内部的可移动电荷就是金属原子外层的带负电的电子，原子最外层的电子与原子核的距离较远，受到原子核的束缚力较弱，很容易脱离金属原子成为可以自由移动的电子，称为自由电子。

当把一个原本不带电的导体放入一个电场强度为 E 的匀强电场中时，导体中的自由电子受到电场力的作用向左移动，如图 7-4 所示。导体的左表面因为负电荷增加而带负电，导体的右表面因为失去电子而带正电。这种导体内自由电

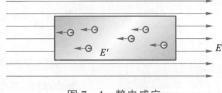

图 7-4　静电感应

荷因为受到电场的作用力而在导体内重新分布的现象叫作**静电感应**。

具有静电感应现象的导体两端出现的电荷叫作**感应电荷**，感应电荷会形成一个新的**电场 E'**，称为**感应电场**。感应电场 E' 总是与原电场方向相反，感应电场与原电场叠加，使导体所处的电场场强减小，但是只要叠加场强不为零，导体内的自由电荷就会持续受到电场力的作用继续移动，导致感应电场继续增强，直到感应电场与原电场场强大小相等，叠加电场场强为零，自由电荷就不再受到电场力的作用，因此也不会再移动，此时的这种状态称为**静电平衡状态**。

处于静电平衡状态的导体中由于没有移动电荷，所以必然具有以下特点：

（1）导体内部的场强处处为零，否则自由电荷就会在电场力的作用下产生移动。

（2）导体表面场强一定与其表面垂直。

（3）处于静电平衡状态的带电导体，其净电荷只能分布在导体的外表面上。

2）静电屏蔽

工业生产中的机电设备常常采用一种抗干扰措施叫作静电屏蔽，目的是为了减少工作过程中外界电场对机电设备的干扰，以提高设备的工作精度。所谓静电屏蔽就是采用措施使某一空间没有电场，或者将电场限制在某一区间范围内。

静电屏蔽是利用了静电感应现象。由于处于静电平衡状态的导体内部没有电场，电场只分布在导体表面，且电场方向与导体表面垂直，所以导体内部就好像被保护起来了，这就是静电屏蔽。

工业上常采用的屏蔽方式就是用金属外壳将设备罩起来，形成一个没有电场的空间，如电线的铜芯导体外面套一层金属编织网。机电设备和金属屏蔽罩一起处于外电场中，金属屏蔽外壳属于导体，在外电场中会产生静电感应现象，当金属外壳处于静电平衡状态，其内部就没有电场了，这样就把其内部的机电设备完全排除在外电场的影响之外了。

如图 7-5 所示为一空腔导体对外电场的屏蔽现象。

静电屏蔽分为外屏蔽和全屏蔽两种。

外屏蔽是指金属屏蔽罩的外壳不接地。如果屏蔽罩内部保护的是带电体，则这种方式

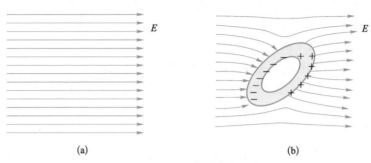

(a)　　　　　　　　(b)

图 7 - 5　空腔导体的静电屏蔽

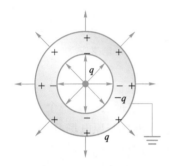

图 7 - 6　接地空腔导体对
内部电场的屏蔽

只能保护内部装置不受外部电场的影响,但是不能防止内部电场对外部电场的干扰,也就是此时的屏蔽罩是单向外部屏蔽。

全屏蔽是指金属屏蔽罩的外壳不接地。如果屏蔽罩中是一个带电的装置,屏蔽罩接地,不仅可以保护内部设备不受外电场干扰,而且可以将金属屏蔽罩在内部电场中产生的静电电荷导入地面,避免壳上的静电影响外部空间。很多时候带电装置的外壳本身就相当于一个屏蔽罩,装置在安装使用时可以将装置外壳接地,如工业现场的电机外壳接地等。如图 7 - 6 所示为一接地空腔导体对内部电场的屏蔽。

三、电势与电势差

1. 电势能

1) 电场力做功与电势能

把一个静止的检验电荷放入电场中,它将在静电力的作用下作加速运动,经过一段时间以后获得一定的速度,检验电荷的动能增加了,说明静电力对检验电荷做了功。

与力学中重力势能做功的特点类似,电场力对电荷做功,与电荷的运动路径无关,只与电荷运动的起点与终点有关(即与电荷的位移有关)。

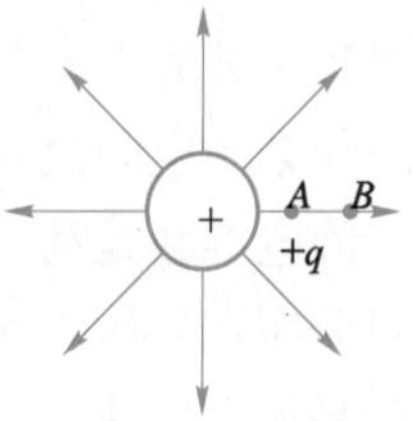

与重力势能类似,电荷在电场中也具有势能,这种势能叫作**电势能**。如图 7 - 7 所示,图中为一个正电荷形成的电场里有一个带正电的粒子在电场力的作用下从 A 点移动到 B 点,此时电场力对带正电的粒子是斥力,对带电粒子的运动起促进作用,所以电场力对带电粒子做正功,运动的带电粒子电势能减小。

图 7 - 7　电场力做功
与电势能

此时,若设 W_{AB} 为电荷从 A 点移动到 B 点的过程中静电力做的功,E_A 和 E_B 分别表示电荷在 A 点和 B 点的电势能,则

$$W_{AB} = E_A - E_B \tag{7-4}$$

而当该带正电的粒子从 B 点移动到 A 点,此时电场力对带电粒子的运动起阻碍作用,电场力做负功,运动的带电粒子电势能增加,也可以说是带电粒子克服电场力做功。

此外,由于存在着两种电荷的缘故,在同一电场中,同样从 A 点到 B 点或从 B 点到 A

点,移动负电荷,电荷的电势能变化恰好与移动正电荷是相反的。

2）电荷在电场定点处的电势能

根据功的特点可知,利用静电力做的功只能算出电势能的变化量,而不能用来确定电荷在电场中某点电势能的数值。要确定电荷在电场中某点的电势能,需要先确定一个零电势点,倘若算出电荷在该点与在零电势点的电势能变化量,就可以算出电荷在该点的电势能。也就是说,电荷在某点的电势能,等于把它从这点移到零势能位置时静电力做的功。

通常情况下,把离场源电荷无限远处规定为零电势处,或是把电荷在大地表面的电势能规定为 0。

2. 电势

如果图 7-7 中带正电量为 q 的粒子在电场力的作用下从 A 点移动到无穷远处的零电势处,则电场力做功等于粒子在 A 点处的电势能,设为 E_A,此时电势能与电荷的电荷量之比为 $\dfrac{E_A}{q}$;然后把带电粒子的电荷量增加 n 倍,根据库仑定律可知,电场中各处的电场力都是增加 n 倍,将粒子再从 A 点移动到无穷远处,电场力做功也增加了 n 倍,所以此时 A 点的电势能也为原来的 n 倍,变为 nE_A,则这时电势能与电荷的电荷量之比仍然为 $\dfrac{nE_A}{nq} = \dfrac{E_A}{q}$,由此可见,无论电荷量是多少,在 A 点处的电势能与电荷量的比值都是一个恒值。

从以上分析可知,电荷在电场中某一点的电势能与它的电荷量的比值,是由电场中这点的性质决定的,与电荷本身无关。电荷在电场中某一点的电势能与它的电荷量的比值,被定义为这一点的**电势**。如果用 U 表示电场中的某点电势,E_p 表示电荷 q 在这一点的电势能,则

$$U = \frac{E_p}{q} \tag{7-5}$$

在国际单位制中,电势的单位是伏特（V）。式（7-5）表示的是在电场中的如果电荷量为 1 C 的电荷在某一点的电势能是 1 J,那么这一点的电势就是 1 V,即 1 V = 1 J/C。

图 7-5 中的正电荷电荷沿着电场线从左向右移向零电势点,它的电势能是逐渐减少的,也就是沿着电场线方向电势是逐渐降低的。

确定电场中各点电势都需要先规定电场中的零电势。在实际应用中常取大地的电势为 0。在规定了电势零点之后,电场中各点的电势可以是正值,也可以是负值。但是电势是个标量,只有大小（数值上有正负,主要取决于零电势位置的选取）,没有方向。

3. 等电势面
电场中电势相同的各点构成的面叫**等势面**。

在同一个等势面上,任何两点间的电势都相等,如果在同一等势面上的 A、B 两点间

移动电荷,根据式(7-5)可知,A、B 两点的电势分别为 $U_A = \dfrac{E_A}{q}$、$U_B = \dfrac{E_B}{q}$,由于 $U_A = U_B$,所以 $\dfrac{E_A}{q} = \dfrac{E_B}{q}$,也就是 $E_A - E_B = 0$,电荷的电势能的改变量为 0,所以静电力不做功。

　　如果在等势面上移动电荷,电场力不做功,则等势面一定跟电场线垂直,即跟电场强度的方向垂直。如果不垂直,电场强度就有一个沿着等势面的分量,在等势面上移动电荷静电力就要做功,这个面也就不是等势面了。

　　又因为沿着电场线的方向电势是越来越低的,因此,电场线不仅跟等势面垂直,而且由电势高的等势面指向电势低的等势面。

　　如图 7-8 所示,图中虚线是电场的等势面,实线是电场线。每幅图中,两个相邻的等势面的电势之差是相等的。

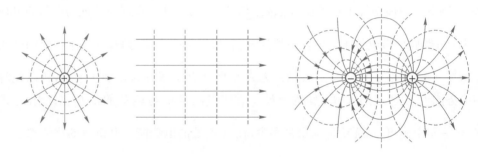

图 7-8　等势面与电场线

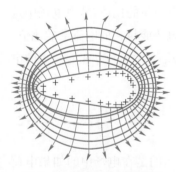

图 7-9　带电导体的等势面

　　对于电场里的导体来说,当导体处于静电平衡状态时内部场强为 0,在导体的任意两点之间移动电荷时电场力做功都为 0,因此,导体内部电势处处相等。所以处于静电平衡状态的导体是一个等势体,它的表面是一个等势面。如图 7-9 所示为带电导体周围的等势面和电场线。

4. 电势差

1）电势差

电场中两点间的电势的差值叫作电势差,也称作电压。设电场中 A 点的电势为 U_A、B 点的电势为 U_B,则 A 点与 B 点之间的电势差可以表示为

$$U_{AB} = U_A - U_B \tag{7-6}$$

也可以由 B 点与 A 点的电势差表示:

$$U_{BA} = U_B - U_A \tag{7-7}$$

很显然:

$$U_{AB} = -U_{BA} \tag{7-8}$$

电势差可以是正值,也可以是负值。当 A 点电势比 B 点高时,U_{AB} 为正值,U_{BA} 则为负值,反之亦然。

选择不同的位置作为零电势点,电场中某点电势的数值也会改变,但电场中某两点间的电势的差值却保持不变。所以,在对电路进行分析计算和设计时,电势差往往比电势更有意义。

2) 电场力做功与电势差的关系

电荷 q 在电场中从 A 移动到 B 时,静电力做的功 W_{AB} 等于电荷在 A、B 两点的电势能之差,即

$$W_{AB} = E_A - E_B$$

根据式(7-5),得

$$
\begin{aligned}
W_{AB} &= E_A - E_B \\
&= qU_A - qU_B \\
&= qU_{AB}
\end{aligned}
$$

所以静电场力做的功 W_{AB} 与 A、B 点之间电势差的关系式为

$$W_{AB} = qU_{AB} \tag{7-9}$$

或写为

$$U_{AB} = \frac{W_{AB}}{q} \tag{7-10}$$

因此,知道了电场中两点的电势差,就可以计算在这两点间移动时电场力对电荷做的功。

3) 电势差与电场强度的关系

设匀强电场的电场强度为 E,电荷 q 从 A 点移动到 B 点,根据式(7-9)可知静电力做的功 W 与 A、B 两点的电势差的关系:

$$W = qU_{AB}$$

同时,根据功的定义可得电荷在匀场强 E 中从 A 点移动到 B 点电场力所做的功为电场力 F 与力的方向上的距离 d 的乘积,即

$$W = Fd = qEd$$

比较以上两式可得电势差与电场强度的关系式:

$$U_{AB} = Ed \tag{7-11}$$

即匀强电场中两点间的电势差等于电场强度与这两点沿电场方向的距离的乘积。

电场强度与电势差的关系也可以写作:

$$E = \frac{U_{AB}}{d} \qquad\qquad (7-12)$$

该式表达在匀强电场中,电场强度的大小等于两点间的电势差与这两点在电场强度方向上距离的比值。

由上式也可以得到电场强度的另一个单位,因为电势差的单位为 V,距离的单位为 m,所以场强的单位也可以记作 V/m。

四、电容器和电容

1. 电容器

电容器是一种能容纳电荷的器具。两个彼此靠近的金属导体之间填充上绝缘物质就形成了电容器,如图 7 - 10 中(a)所示为一种最简单的平行板电容器示意图,两块金属平板称为极板,中间的绝缘物质称为电介质。通常空气、纸、云母片及塑料等都可以作为电容器的电介质。(b)图是电路中表达电容器的符号。

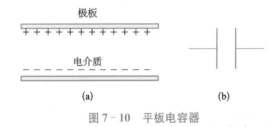

图 7 - 10　平板电容器

电容器之所以能够容纳电荷是因为电荷能够聚集在电容器的极板上,而电容器的极板上聚集电荷的过程称为电容器充电。如图 7 - 11 所示,当开关 1 吸合,将平板电容器接在电源的两极之间,电容器开始充电,电荷逐渐向两极板积累,电路中有短暂的充电电流,两极板之间的电量增大,电场强度 E 也随之增大,电势差增大,直到电势差等于电源电压,充电过程结束。

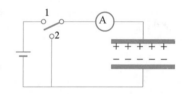

图 7 - 11　电容器的充电与放电

充电后的电容器两个极板上分别带有等量异种电荷,由于两极板相对且靠得很近,正负电荷互相吸引,电容器以这种方式储存电荷,属于一种储能元件。

如果图 7 - 11 中的开关 1 断开,开关 2 吸合,则电容器开始放电过程。电路产生短暂的放电电流,两极板间的电量减小,电场强度 E 减小,电势差减小,直到电场强度及电势差都为零为止。

2. 电容器的电容

电容器所带电荷量 Q 与电容器两极板间的电势差 U 的比值,叫作电容器的电容量,简称电容,用 C 表达,即:

$$C = \frac{Q}{U} \qquad\qquad (7-13)$$

电容反映的是电容器容纳电荷的能力,其单位为法拉,简称法,符号为 F,法拉是个很大的单位,工业中常用的电容单位还有微法(μF)和皮法(pF),其中,

$$1\,\mu F = 10^{-6}\,F$$

$$1 \text{ pF} = 10^{-12} \text{ F}$$

电容器的电容量与其构造有关,对于特定的电容器,其电容可用下式求得

$$C = \frac{\varepsilon S}{4\pi d} \tag{7-14}$$

其中,ε 是电容器极板间绝缘介质的介电常数,不同的电介质有不同的介电常数;S 为极板的正对面积;d 为两极板之间的距离。

3. 电容器的应用

电容器因其能充电和放电的特性,常被当作可重复充电的电源来使用。如照相机中闪光灯的供电电源;工业应用方面,目前集装箱龙门起重机用电源驱动代替柴油机驱动的"油改电"项目中,大容量的超级电容也常被选作电源用蓄电池为龙门起重机各工作机构及用电设施供电,具有体积小、容量大、充电速度快、放电电流大、线路简单等优点。

五、带电粒子在电场中的运动

带电粒子在电场中受到静电力的作用,可能会产生加速度,速度的大小和方向都有可能发生变化。

在现代工业应用中,常常利用电场来改变或控制带电粒子的运动,如利用电场使带电粒子加速或利用电场使带电粒子偏转等。

1. 带电粒子的加速运动

如图 7-12 所示,在真空中有一对平行金属板,由于接到电池组上面带电,两板间的电势差为 U。若一个质量为 m、带正电荷 q 的粒子,在静电力的作用下由静止开始从正极板向负极板运动。

根据式(7-9)可知,带电粒子的运动过程中,静电力对它做的功是

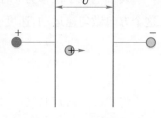

图 7-12　匀强电场中粒子的加速运动

$$W = qU$$

设带电粒子到达负极板时的速率为 v,其动能为

$$E_K = \frac{1}{2}mv^2$$

静电力对它做的功等于粒子动能的增加量,所以

$$\frac{1}{2}mv^2 = qU$$

可得到,当带电粒子从静止加速运动到负极板时,其速度大小为

$$v = \sqrt{\frac{2qU}{m}} \tag{7-15}$$

2. 带电粒子的偏转

真空中距离为 d 的两金属板接上电源,电压为 U,两板间产生匀强电场 E,如图 7-13 所示。现在一个质量为 m 的带负电粒子 q 以平行于金属板的初速度 v_0 射入电场,它受到的静电力的方向垂直于金属板从带负电荷金属板指向带正电荷金属板,而与速度方向不一致,因而产生加速度,速度方向变化,粒子往正电荷方向发生偏转。

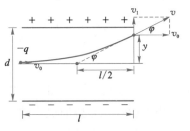

图 7-13　云强电场中带电粒子的偏转

（1）由于带电粒子在匀强电场中受到垂直于金属板方向的静电力,且静电场力不变,所以粒子的整个运动中在垂直于金属板方向上属于匀变速运动,其加速度根据牛顿第二定律可知:

$$a = \frac{F}{m} = \frac{qE}{m} = \frac{qU}{md} \tag{7-16}$$

则电子射出电场时,在垂直于金属板方向偏移的距离为

$$y = \frac{1}{2}at^2 \tag{7-17}$$

设带电粒子位移为 l 时飞行时间为 t,由于电子在平行于金属板方向不受力,所以在这个方向做匀速运动,速度一直为初速度 v_0,可求得的运行时间为

$$t = \frac{l}{v_0} \tag{7-18}$$

将式(7-14)和式(7-16)代入式(7-15)中,得到带电粒子在水平方向上的位移:

$$y = \frac{1}{2} \cdot \frac{qU}{md} \cdot \left(\frac{l}{v_0}\right)^2 \tag{7-19}$$

（2）由于电子在平行于板面的方向不受力,它离开电场时,水平方向的速度仍是 v_0,垂直于金属板的速度为

$$v_\perp = at = \frac{qU}{md} \cdot \frac{l}{v_0} \tag{7-20}$$

离开电场时的偏转角度 φ 可由下式确定:

$$\tan\varphi = \frac{v_\perp}{v_0} = \frac{qUl}{mdv_0^2} \tag{7-21}$$

带电粒子在匀强电场中的运动,如果初速度不平行于电场也不垂直于电场,则粒子的运动是类似斜抛的一种匀变速运动。带电粒子在电场中受到的力跟它的电荷量成正比,而电荷量相同的粒子可能质量不同,因此它们在电场中的加速度也可能不同。

项目实施

电能是日常生活、生产中的主要能源之一。对电荷、电场、电势、电势能及导体在电场中表现出的特性进行研究,理解它们的规律,是利用电能服务生活和生产的基础。

一、实施示例

(1) 如图 7-14 所示,将一个电荷量 q 为 $+4 \times 10^{-10}$ C 的点电荷从电场中的 A 点移到 B 点的过程中,克服电场力做功 8×10^{-9} J。已知 A 点的电势为 $U_A = 5$ V,求 B 点的电势和电荷在 B 点的电势能。

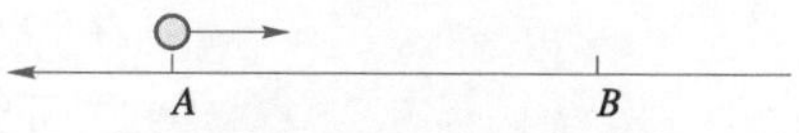

图 7-14 实施示例(1)题图

解:根据电场力做功与 A、B 两点间电势差之间的关系式(7-9)可知:$W = qU_{AB}$,可求得 A、B 间的电压为

$$U_{AB} = \frac{W}{q} = \frac{8 \times 10^{-9}}{4 \times 10^{-10}} = 20 \text{ V}$$

因为正电荷由 A 点向右移动到 B 点,克服电场力做功也即电场力做负功,因此 B 点电势比 A 点电势高。它们之间的电势差为 20 V,因此

$$U_{AB} = U_B - U_A = 20 \text{ V}$$

$$\therefore U_B = 25 \text{ V}$$

电荷在 B 点的电势能为

$$E_p = qU_B = 1 \times 10^{-8} \text{ J}$$

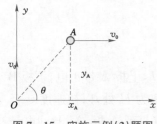

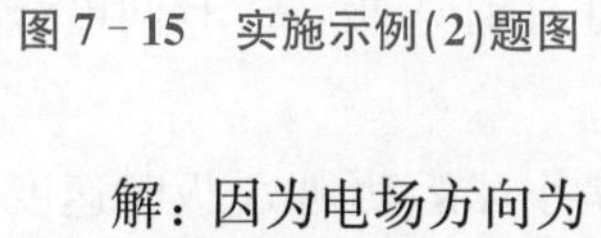

图 7-15 实施示例(2)题图

(2) 如图 7-15 所示,真空中有一匀强电场,方向沿坐标系 x 轴正方向,一个质量为 m、电荷量为 q 的带电粒子从坐标原点 O 点以初速 v_0 沿坐标系 y 轴方向进入电场,经 t 时间后到达 A 点的速度大小也是 v_0,方向沿 x 轴正方向。此时求:

① 带电粒子从 O 点运动到 A 点的时间所用 t。

② 该匀强电场的场强 E 及 OA 连线与 x 轴的夹角 θ。

③ 若设 O 点电势为零,则 A 点电势为多大。

解:因为电场方向为 x 轴正方向,电荷进入电场后,在匀强电场的作用下沿 x 正方向做匀加速运动,初速度为 0;同时,带电粒子在重力作用下沿 y 轴正方向上加速度为 $a_y = -g$ 的匀减速运动,初速度为 v_0,当粒子到 A 点时,由于速度方向呈水平方向,所以 y 轴上此刻末速度为 0。所以有:

① 在 y 轴方向上,设 y 轴正方向为速度正方向,带电粒子做匀减速运动,有 $0 - v_0 = -gt$,得:

$$t = \frac{v_0}{g}$$

② 在 x 轴方向,有 $v_0 - 0 = t a_x$,所以 $a_x = g$,因为在水平方向上带电粒子只受到电场力的作用,所以电场力 $F = m a_x$,又因为:$F = Eq$,所以 $Eq = m a_x$,得

$$E = \frac{mg}{q}$$

又因为 A 点在坐标轴中的坐标分别为

$$x_A = \frac{1}{2} a_x t^2 = \frac{1}{2} g t^2 ; \quad y_A = \frac{1}{2} g t^2$$

$$\tan \theta = \frac{y_A}{x_A} = 1$$

$$\therefore \theta = 45°$$

③ 根据动能定理可知,带电粒子从 O 点运动到 A 点,电场力和重力做的总功等于粒子的动能增量,所以有

$$\begin{cases} -mgy + qU_{OA} = \frac{1}{2} m v_A^2 - \frac{1}{2} m v_0^2 \\ v_A = v_0 \end{cases}$$

所以

$$U_{OA} = \frac{mgy}{q}$$

又因为 $y = \frac{1}{2} g t^2$,所以 $U_{OA} = \frac{m v_0^2}{2q} = U_O - U_A$,因为 $U_O = 0$,所以

$$U_A = -\frac{m v_0^2}{2q}$$

(3) 如图 7 - 16 所示,水平放置的 A、B 两平行板之间相距 h,上板 A 带正电,下板 B 带负电。现有一质量为 m,带电量为 $+q$ 的小球在 B 板下方距离为 H 处,以初速度 v_0 竖直向上从 B 板小孔进入 A、B 板之间的电场,如果要使小球刚好打到 A 板,A、B 间电势差 U_{AB} 应为多少?

解:小球刚好打到 A 板就是小球运动到 A 板时速度正好为 0,根据动能定理可知,在带电粒子运动的过程中,重力做功及电场力做功之和等于粒子的动能改变量,所以有

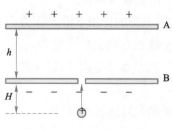

图 7 - 16　实施示例(3)题图

$$-mg(H + h) - qU_{AB} = 0 - \frac{1}{2} m v_0^2$$

得 A、B 间电势差为

$$U_{AB} = \frac{\frac{1}{2}mv_0^2 - mg(H+h)}{q}$$

二、实施练习

(1) 学习相关理论知识,思考下列问题。

① 说明摩擦生电与静电感应的区别。

② 电荷守恒定律及库仑定律。

③ 电场强度怎样计算的? 电场强度的方向是怎样规定的?

④ 什么叫匀强电场? 说明匀强电场的特点。

⑤ 电场线的特点是什么?

⑥ 什么是静电感应? 静电感应有什么特点?

⑦ 什么是电势能? 说明静电场力做功与电势能的关系。

⑧ 为什么要规定电场中的零电势能位置? 一般怎样规定?

⑨ 什么叫等电势面? 等电势面有什么特点?

⑩ 什么是电势差? 说明电场力做功与电势差的关系及电势差与电场强度的关系。

(2) 如图 7-17 所示,在同一条直线上有三个电量相等的点电荷,其中 A、B 两处的点电荷为正电荷,C 处的为负电荷,且 $BC = 2AB$,那么 A、B、C 处三个点电荷所受库仑力的大小之比为多少?

图 7-17　实施练习(2)题图

(3) 真空中有两个相距 15 cm 的点电荷,电荷量分别为 $q_1 = 5 \times 10^{-3}$ C, $q_2 = -2 \times 10^{-2}$ C,现引入第三个点电荷,如果想要使三个点电荷都处于静止状态,则第三个电荷应带多少电量,放在什么位置?

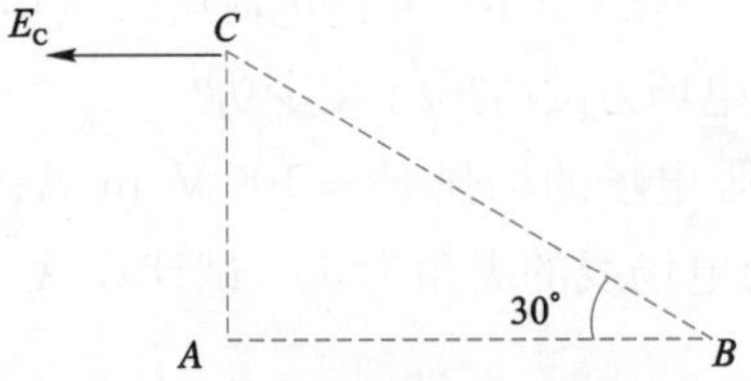

(4) 真空中,两个等量异种点电荷的电荷量均为 q,相距 r,两个点电荷连线的中点处的电场强度大小为多少?

图 7-18　实施练习(5)题图

(5) 如图 7-18 所示,A、B、C 三点为一个直角三角形的三个顶点,$\angle B = 30°$,现在 A、B 两点处分别放置两个电荷 q_A 和 q_B,此时测得 C 点的场强方向与 BA 方向平行,则 q_A 是带正电荷还是负电荷? q_A : q_B 为多少?

(6) 如图 7-19 所示,一个半径为 r 的圆与坐标轴的交点分别为 a、b、c、d,坐标系和圆处于与 x 轴正方向相同的匀强电场 E 中,同时,在圆心 O 点固定一个电荷量为 $+Q$ 的点电荷,如果把一个带电荷量为 $-q$ 的检验电荷放在 c 点,该检验电荷恰好能处于静止状态,则匀强电场的场强大小

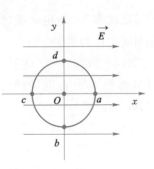

图 7-19　实施练习(6)题图

为多少? d 点的合场强为多少? a 点的合场强为多少?

(7) 如果把 $q = 2.0 \times 10^{-8}$ C 的电荷从无穷远移到电场中的 A 点,需要克服电场力做功 $W = 1.6 \times 10^{-4}$ J,则

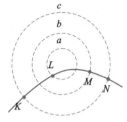

图 7 - 20　实施练习 (8)题图

① q 在 A 点的电势能和 A 点的电势各是多少?

② q 未移入电场前 A 点的电势是多少?

(8) 如图 7 - 20 所示,虚线 a、b 和 c 是某电场中的三个等势面,它们的电势分别为 U_a、U_b、U_c,其中 $U_a > U_b > U_c$。一个带正电的粒子射入电场中,其运动轨迹如实线 $KLMN$ 所示,试分析带电粒子从 K 运动到 L 的过程中,电场力做正功还是负功? 电势能是增加还是减少?

(9) 如图 7 - 21 所示,在场强为 $E = 10^4$ N/C 的水平匀强电场中,有一根长 $l = 15$ cm 的细线,一端固定在 O 点,另一端固定一个质量 $M = 3$ g,电荷量为 $q = 2 \times 10^{-6}$ C 的小球,当细线处于水平位置时,小球从静止开始释放,则小球到达最低点 B 时的速度是多大?

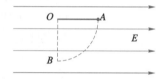

图 7 - 21　实施练习(9)题图

(10) 有一点电荷,电荷量为 $q = -3 \times 10^{-6}$ C,从某电场中的 A 点移到 B 点,点电荷克服电场力做功 6×10^{-4} J,从 B 点移到 C 点,电场力对电荷做功为 9×10^{-4} J,试求:

① A、B、C 三点中哪点的电势最高? 哪点的电势最低?

② A、B 间,B、C 间,A、C 间的电势差各为多少?

③ 把一个电荷量为 1.5×10^{-9} C 的电荷从 A 点移到 C 点,静电力做多少功?

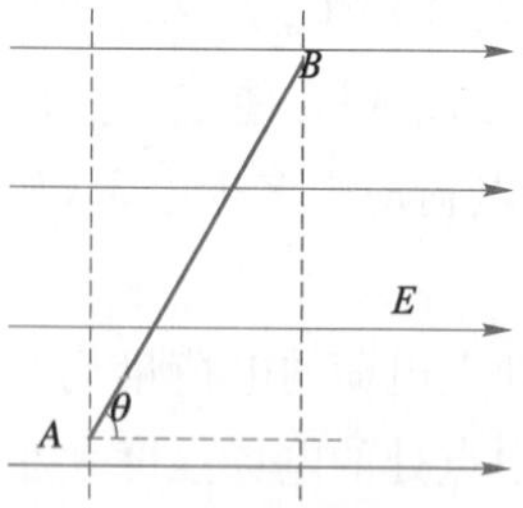

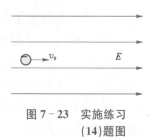

图 7 - 22　实施练习 (12)题图

(11) 在电场中有 A、B 两点,它们的电势分别为 $U_A = -100$ V,$U_B = 200$ V,把一个电荷量为 $q = -2.0 \times 10^{-7}$ C 的电荷从 A 点移动到 B 点,是电场力做功还是克服电场力做功? 做了多少功?

(12) 如图 7 - 22 所示,匀强电场的场强 $E = 100$ V/m,A、B 两点相距 0.1 m,若 AB 连线与电场线的夹角为 60°,试计算 A、B 两点的电势差?

(13) 在匀强电场中,同一条电场线上有 A、B 两点,有两个带电粒子先后由静止状态从 A 点出发并通过 B 点,若两粒子的质量之比为 3：2,电荷量之比为 3：1,忽略它们所受重力,则它们由 A 点运动到 B 点所用时间之比为多少?

(14) 如图 7 - 23 所示,一个质量为 m 的电子电荷量为 $-q$,以初速度 v_0 沿着电场线方向飞入匀强电场 E,不计重力,试计算:

① 电子在电场中运动的加速度。

② 电子进入电场中运行的最大距离。

③ 电子进入电场到达最大距离一半时的动能。

图 7 - 23　实施练习 (14)题图

要点小结

一、电场的基本性质

(1) 处于电场中的任何带电体都将受到电场力的作用,且同一点电荷在电场中不同位置受到的电场力的大小或方向都可能是不一样的。

(2) 电场能使置于其中的导体产生静电感应现象。

(3) 当带电体在电场中移动时,电场力将对带电体做功,这表示电场具有能量,因此电场同时具有力和能的特征。

二、电场的唯一性和固定性

电场中某一点处的电场强度 E 是唯一的,它的大小和方向与放入该点的电荷量 q 无关,也与是否放入电荷无关,它只取决于电场的源电荷及空间位置。

三、电场线的基本性质

(1) 电场线上每点的切线方向就是该点电场强度的方向。

(2) 电场线的疏密程度反映的是电场强度的大小,稀疏处表示场强小,密集处表示场强大。

(3) 静电场中电场线起始于正电荷或无穷远,终止于负电荷或无穷远。它不封闭,也不在无电荷处中断。

(4) 任意两条电场线不会在无电荷处相交(包括相切)。

四、点电荷电场中的场强

在点电荷 Q 的电场中不存在场强 E 相同的两个点,距离点电荷相同距离处,场强 E 的大小相等但方向不同;在以 Q 为圆心的同一半径上的各处,场强 E 方向相同而大小不等。

五、电场与电势能

处于某一电场的电荷所具有的电势能是电场与处于其中的电荷共有的,如果失去了电场,也就不存在电势能了。

六、电势能与电场力做功

(1) 电场力做正功,电荷的电势能减小;电场力做负功,电荷的电势能增加。

(2) 电场力做多少功,电势能就变化多少,电荷如果只受电场力作用,则电荷的电势能与动能相互转化,它们的总量保持不变。

(3) 在正电荷产生的电场中正电荷在任意一点具有的电势能都为正,负电荷在任一点具有的电势能都为负。在负电荷产生的电场中正电荷在任意一点具有的电势能都为负,负电荷在任意一点具有的电势能都为正。

(4) 电荷在电场中某一点 A 具有的电势能 E_P 等于将该点电荷由 A 点移到电势零点处电场力所做的功 W,即 $E_P = W$。

七、在同一等势面上移动电荷时,电场力不做功

因为电场强度 E 与等势面垂直,即电场力总与运动电荷的运动方向垂直,所以在同一等势面上移动电荷时,电场力不做功。如果某一电荷 q 由等势面 A 点经过任意路径移动到同一等势面上 B 点,整个移动过程中电场力做功为零,但如果把整个移动路径分为若干段,考虑每一段电场力做的功,则电场力可能先做正功,后做负功,也可能先做负功,后做正功,最终功的总和是为零的。

八、电势差的物理意义

电场中两点间的电势差的值即等于电场力的作用下在两点间移动一库仑的正电荷电场力做的功。

九、电势与电势差的比较

(1)电势差是电场中两点间的电势的差值,$U_{AB} = U_A - U_B$。

(2)电场中某一点的电势的大小,与选取的参考点有关;电势差的大小,与选取的参考点无关。

(3)电势和电势差都是标量,单位都是伏特,都有正负值;电势的正负表示该点比参考点的电势大还是小;电势差的正负表示两点电势的高低。

十、带电粒子在电场中的运动

(1)带电粒子在电场中的运动状态由粒子的初始状态和受力情况决定。

① 在非匀强电场中,带电粒子受到的电场力是变化的。

② 在匀强电场中,带电粒子受到的是电场力是恒定的,若带电粒子初速度为零或初速度方向平行于电场方向,带电粒子将做匀变速直线运动;若带电粒子初速度方向垂直于电场方向,带电粒子做类平抛运动。

(2)重力不能忽略的带电小球或带电微粒在匀强电场中运动,由于带电小球、带电微粒可视为质点,同时受到重力和电场力的作用,其运动情况由重力和电场力共同决定。

项目八　恒定电流及其应用

项目描述

电荷流动所引起的效应被广泛地用于生活及工业生产中。生活中手电筒照明、收音机、电动玩具等需要电池供电,电池供电属于直流电形式;工业生产中有许多设备都采用直流电供电形式的电机驱动。直流电是电荷向一个方向移动形成的,是生活和生产中主要供电形式之一。

本项目介绍大小与方向均不变的恒定电流相关知识,包括电流、电阻、欧姆定律、焦耳

定律及几种形式的直流电路。

相关理论

一、恒定电流与欧姆定律

1. 电流

1) 电源

两个分别带正、负电荷的导体产生静电场,在它们之间连接一条导线,导线中的自由电子便会在静电力的作用下沿导线做定向运动,带负电的导体失去电子,带正电的导体得到电子,会使导体周围电场迅速减弱,两个导体之间的电势差很快就消失,达到静电平衡状态,则连接两个导体的导线中的电荷的流动很快结束。如果在两个导体之间连接一个装置,它能源源不断地把经过导线流到带正电导体的电子取走再送给负电导体,则导体周围的空间(包括导线之中)始终存在一定的电场,导体之间始终维持着一定的电势差,自由电子就能不断地由负电导体经导线向正电导体移动,使电路中保持持续的电荷流动。能把电子从正电荷导体搬运至负电荷导体的装置称为**电源**,两个导体是电源的两个电极。如日常生活中使用的电池(干电池或蓄电池)等都是电源装置。

如图 8-1 所示,R 为导线;P 为电源装置;A、B 分别为带正、负电荷的导体,是电源 P 的两极。电子通过导线从电极 B 移动到电极 A,又被电源 P 搬运回电极 B 处,因而在导线和电源组成的闭合回路中一直存在电荷移动。

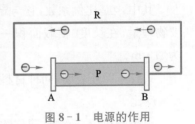

图 8-1 电源的作用

2) 恒定电流

图 8-1 中,导体 A、B 周围空间的电场是由电源、导线等电路元件所积累的电荷共同形成的,分布稳定,不随时间变化,因此电场的分布也不随时间变化。这种由稳定分布的电荷所产生的稳定的电场,称为**恒定电场**。恒定电场的基本性质与静电场相同。

在恒定电场中,由于电场力的作用,导体中自由电荷定向移动,速率不断增加;另一方面,移动的电荷在运动过程中会与导体内不移动的粒子碰撞从而减速,所以最终自由电荷定向移动的平均速率基本保持不变。

在电场力的作用下,电荷在导线及电源中的定向移动形成**电流**,而这种大小和方向都不随时间变化的电流称为**恒定电流**。

电流也有强弱之分,电流的强弱程度就用"电流"这个物理量表示,字母为 I。电流表示的是单位时间内通过导体横截面积的电荷量,电流越大,单位时间内通过导体横截面积的电荷量就越多。所以,如果 q 表示在时间 t 内通过导体横截面积的电荷量,则有

$$I = \frac{q}{t} \tag{8-1}$$

在国际单位制中,电流的单位是安培,简称安,字母表示为 A。从公式(8-1)可知, $1\ A = 1\ C/s$。常用的电流单位还有毫安(mA)和微安(μA)。

导体内部形成电流的移动电荷既可以是负电荷,也可能是正电荷,如金属导体中的自由电荷是负电荷,而电解质溶液中的自由电荷既有正离子又有负离子,正离子就是正电荷。通常规定电流的方向为正电荷移动的方向,负电荷移动的方向则是电流的反方向,所以图 8-1 中,导线中电流的方向是从电极 A 流到电极 B。

虽然电流规定了方向,但是电流是一个标量,不是矢量,电流的方向永远都是正电荷流动的方向,没有矢量中常说的所谓正方向和负方向之分。

2. 电阻

1) 导体的电阻

自由电荷在导体中做定向移动时,不断地和其他粒子碰撞而受到阻碍,导体中这种对电荷移动的阻碍作用称为**电阻**。

导体具有电阻是导体的固有特性,与导体的长度、横截面积及它的材料等因素具有定量关系,表达为

$$R = \rho L / S \tag{8-2}$$

其中,ρ 是比例系数,它与导体的材料有关,称为材料的**电阻率**,是表征材料性质的重要物理量,在长度、横截面积一定的条件下,ρ 越大,导体的电阻越大。电阻率 ρ 的单位为 $\Omega \cdot m$。

式(8-2)还表明,同种材料的导体,其电阻 R 与它的长度 L 成正比,与它的横截面积 S 成反比。

电阻的单位是欧姆,简称欧,符号是 Ω。

2) 半导体

容易导电的物体叫作导体,不容易导电的物体称为绝缘体。但是绝缘体也并非完全不导电,只是电阻率比较大,在其他条件一样的情况下,绝缘体对电流的阻碍作用较大。金属导体的电阻率一般为 $10^{-8} \sim 10^{-6}\ \Omega \cdot m$,而绝缘体的电阻率一般为 $10^{8} \sim 10^{18}\ \Omega \cdot m$。

还有一些材料的导电性能介于导体和绝缘体之间,而且电阻不随着温度的增加而增加,反而会随着温度的增加而减小,这些材料称为半导体。半导体的电阻率一般在 $10^{-8} \sim 10^{-6}\ \Omega \cdot m$。

3. 欧姆定律

导体中的电阻 R 是一个只跟导体本身性质有关而与流经其中的电流无关的物理量。实验表明,同一导体,不管电流,电压怎样变化,电压跟电流的比值都是一个常数,这个常数就是电阻,这也是**欧姆定律**所要表达的规律:导体中的电流跟导体两端的电压 U 成正比,跟导体的电阻 R 成反比,即

$$R = U / I \tag{8-3}$$

但是导体一旦确定,其电阻就是确定的,既不和电压成正比,也不和电流成反比,因此可以认为式(8-3)是电路中电阻的一种计算方法。如果某段导体两端的电压是1V,通过的电流是1A,那么这段导体的电阻就是1Ω,所以,1Ω=1V/A。常用的电阻单位还有千欧(kΩ)和兆欧(MΩ)。

图8-2称为导体的伏安特性曲线图。对于金属导体来说,在温度没有显著变化时,电阻几乎是不变的(不随电流、电压改变),它的伏安特性曲线是一条直线(如图8-2),具有这种伏安特性的电学元件叫作线性元件。

图8-2 线性元件的伏安特性曲线

呈直线的伏安特性并不是适用于气态导体(如日光灯灯管、霓虹灯灯管中的气体)和半导体元件,这些导体电流和电压不成正比,如有些半导体元件的电阻会随着电流的增加而减少,这类电学元件叫作非线性元件。

二、焦耳定律

1. 电功和电功率

能量是可以相互转化的,电能也可以转化其他形式的能。如电炉通电时发热是电能转化为内能;电动机通电,电能转化为机械能;蓄电池充电时,电能转化为化学能。能量转化的量度是功,所以恒定电流情况下,电能转化其他形式能的过程实质上就是导体中的恒定电场对自由电荷的静电力做功的过程。自由电荷在静电力作用下沿静电力的方向做定向移动,结果电荷的电势能减小,其他形式的能增加。

如果在导体两端加上电压U,导体内的自由电荷q在电场力的作用下产生定向移动,电流为I,导体通电时间为t,电场力对电荷做的功为$W = qU$,把式(8-1)代入,得

$$W = U \cdot I \cdot t \tag{8-4}$$

该式表示静电场力做的功(也称电流做的功)等于导体两端的电压U,电路中的电流I和通电时间t三者的乘积。

电场力做功的实质就是将电能转化为其他形式的能量。

单位时间内电流所做的功叫作电功率。用P表示,则

$$P = W/t \tag{8-5}$$

这与力学中的功率具有相同的含义,如果将式(8-4)代入上式,得

$$P = IU \tag{8-6}$$

所以电功率P又等于电流I与导体两端的电压U的乘积。

以上两个公式中,电流、电压、时间的单位分别是安培(A)、伏特(V)和秒(s),电功和电功率的单位分别是焦耳(J)和瓦特(W)。

在实际应用中,用电设备上都标明有工作电压和电功率,是用电设备能正常工作的电压及功率,通常称为**额定电压**及**额定功率**。在用电设备固定的情况下,如果加在用电设备

上的电压不是额定电压,回路的电流随之发生变化,设备的实际功率也就不再是额定功率,会随着电压的变化而增大或减小,都无法使用电设备正常工作。只有在用电设备上加上额定电压时,设备的功率才可能是额定功率。

2. 焦耳定律

电流通过导体,导体会发热,表示电流做功,消耗的电能全部转化为导体的内能,所以电流做的功 W 等于这段电路发出的热量 Q,即

$$Q = W = IUt$$

当导体的电阻为 R 时,根据欧姆定律可知:

$$U = IR$$

所以导体上产生的热量 Q 可写为

$$Q = I^2Rt \tag{8-7}$$

也就是说电流通过导体产生的热量跟电流的二次方成正比,跟导体的电阻及通电时间成正比。这个结论是英国物理学家焦耳得出的,因而称为**焦耳定律**。

导体产生的热量与时间的比率称为热功率,即

$$P = Q/t \tag{8-8}$$

将式(8-7)代入上式可得

$$P = I^2R \tag{8-9}$$

式(8-6)与式(8-9)都是电流做功的功率表达式,但两式的含义是不尽相同的。式(8-6)中的功率指的是电流做功的功率,是输送给一段导体的全部电功率;但是,式(8-9)中涉及的功是指电流做功转化为热能后消耗的电功率,只有当电流做的功全部变成了热能,两式中的功率才是相等的。如果电路中有电动机或者正在充电的电池,那么电能除了转化为内能之外,还转化为机械能或化学能,因此式(8-9)计算出的只是电能转化为内能的那部分功率,要计算电路做的总功率需要利用式(8-6)。

三、串联电路和并联电路

1. 串联电路

电源、导线、开关器件及用电设备连接起来形成电路。电路的连接方式有串联连接和并联连接两种。

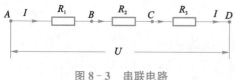

图 8-3 串联电路

串联电路是指把电器一个个依次串接起来形成的电路。如图 8-3 所示为三个电阻串联形成的电路。

1)串联电路的电流

因为恒定电流电路内各处电荷不会随时间发生变化,相同时间内通过电路中各点的电荷量必然相等,所以串联电路各处的电流相等。通式表达为

$$I = I_1 = I_2 = \cdots \tag{8-10}$$

2）串联电路的电压

在图 8-3 的串联电路中，如果以 U_A、U_B、U_C、U_D 分别表示电路中 A、B、C、D 点的电势，则电阻 R_1 两端电压为 U_{AB}，电阻 R_2 两端电压为 U_{BC}，电阻 R_3 两端电压为 U_{CD}，串联电路两端点 A、D 间总电压为 U，根据电势差跟电势的关系可得

$$U_{AB} = U_A - U_B$$

$$U_{BC} = U_B - U_C$$

$$U_{CD} = U_C - U_D$$

$$U = U_A - U_D$$

因此

$$U_{AB} + U_{BC} + U_{CD} = U_A - U_D = U$$

上式表示串联电路两端的总电压等于各部分电路电压之和，通式表达为

$$U = U_1 + U_2 + U_3 + \cdots \tag{8-11}$$

3）串联电路的电阻

图 8-3 的串联电路中，设电路总电阻为 R，由于 $U = U_{AB} + U_{BC} + U_{CD}$，流过电阻的电流 I 是一样的，所以串联电路的总电阻 R 为

$$R = \frac{U}{I} = \frac{U_{AB} + U_{BC} + U_{CD}}{I} = R_1 + R_2 + R_3$$

可见，串联电路的总电阻等于各部分电路电阻之和，通式表达为

$$R = R_1 + R_2 + R_3 + \cdots \tag{8-12}$$

2. 并联电路

把几个电器的两端并列连在电路中的两点之间形成的电路称为并联电路。如图 8-4 所示为三个电阻并联形成的并联电路。

1）并联电路的电流

在图 8-4 的并联电路中，只有在相同的时间内流过干路 A 点的电荷量等于进入各支路的电荷之和，才能保持电路各处的电荷量的分布恒定不变。因此，并联电路的总电流量等于各支路电流之和，即

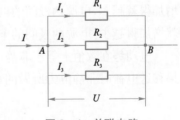

图 8-4 并联电路

$$I = I_1 + I_2 + I_3 + \cdots \tag{8-13}$$

2）并联电路的电压

在图 8-4 的并联电路中，不考虑连接导线的电阻，各并联电阻的左端电势相同，右端

的电势也相同。因此,并联电路的总电压与各支路电压相等,表达为

$$U = U_1 = U_2 = \cdots \tag{8-14}$$

3) 并联电路的电阻

图 8-4 中,设并联电路的总电阻为 R,电路中的总电流等于流经各电阻的电流,即 $I = I_1 + I_2 + I_3$,而各电阻电压均为 U,有

$$\frac{I}{U} = \frac{I_1 + I_2 + I_3}{U} = \frac{I_1}{U} + \frac{I_2}{U} + \frac{I_3}{U}$$

所以,

$$\frac{1}{R} = \frac{1}{R_1} + \frac{1}{R_2} + \frac{1}{R_3} \tag{8-15}$$

因此可得:并联电路总电阻的倒数等于各支路电阻倒数之和。

四、闭合电路的欧姆定律

1. 电源电动势

将电器元件和电源连接在一起形成的电路称为**闭合回路**。闭合回路由两部分组成,电源外部的回路为**外电路**,电源内部的回路称为**内电路**。

根据图 8-1 可知,在外电路中正电荷由电源正极流向电源负极。电源把来到负极的正电荷经过电源内部不断地搬运到正极,所以外电路中电流能一直持续。而电源把正电荷从负极搬运到正极是通过一种非静电力做功,使电荷的电势能增加,这种非静电力是化学作用,它使化学能转化为电势能,所以,从能量转化的角度看,电源是通过非静电力做功把其他形式的能转化为电势能的装置。

物理学中用**电动势**来表达电源通过非静电力对电荷做功、改变电荷电势能的特性。电源内非静电力做的功移动电荷,电荷的电势能增加,非静电力做功越多,电荷的电势能增加得就越多,电源两极间的电势差就越大;非静电力对同样多的电荷做功越少,电势能就增加得越少,电源两极间的电势差也就越小。

电动势在数值上等于非静电力把正电荷 q 在电源内从负极移送到正极所做的功。如果移送电荷时非静电力所做的功为 W,则电动势 E 为

$$E = W/q \tag{8-16}$$

其中,功 W、电荷 q 的单位分别是焦耳(J)和库伦(C);电动势 E 的单位与电势、电势差的单位相同,是伏特(V)。电源的电动势由电源中非静电力的特性决定,跟电源的体积无关,也跟外电路无关。

通常情况下,电源电动势就是电源没有接入电路时两极间的电压值,如干电池上标明的电压 5 V,指的就是干电池的电动势。

电源内部也是由导体组成的,所以也有电阻,这个电阻叫作电源的内阻。正是因为电

源内阻的存在,闭合回路中电源的电压与外电路两端电压并不相等。

2. 闭合电路的欧姆定律

只有用导线把电源、用电器连成一个闭合电路,电路中才有电流。如图 8-5 所示,用电器、导线组成外电路,电源内部是内电路,当开关器件闭合,就形成闭合回路,会有电流流经回路。

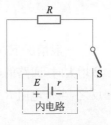

图 8-5　闭合回路

在外电路中,正电荷在恒定电场的作用下由正极移向负极;在电源中,非静电力把正电荷由负极移向正极。所以在整个电路中,电荷的移动绕一圈也形成一个回路。

图 8-5 的闭合回路中,设外电路电阻为 R,内电路电阻为 r,闭合电路的电流为 I。

(1) 在时间 t 内,外电路电流做功产生的热为

$$Q_1 = I^2 Rt$$

(2) 内电路也存在电阻,电流流过内电路电流做功产生的热为

$$Q_2 = I^2 rt$$

(3) 因为电源电动势为 E,则时间 t 内电源内部非静电力做的功为

$$W = EIt$$

根据能量守恒可知,非静电力做的功应该等于内外电路中电能转化为其他形式的能的总和,即 $W = Q_1 + Q_2$,所以,

$$EIt = I^2 Rt + I^2 rt$$

所以有

$$E = IR + Ir \tag{8-17}$$

或者表示为

$$I = \frac{E}{R + r} \tag{8-18}$$

式(8-18)表示闭合电路的电流跟电源电动势成正比,跟内、外电路的电阻之和成反比。这个结论叫作**闭合电路的欧姆定律**。

式(8-18)中电源电动势 E 包括两项,第一项 IR 是闭合回路中外电路两端电压,也称为**路端电压**,用 U 表示;第二项 Ir 表示内电路两端压降,也就是电源内阻造成的压降,用 U' 表示。也就是说,电源的电动势等于内电路和外电路电压之和。即

$$E = U + U' \tag{8-19}$$

在电路中消耗电能的元件通常称为**负载**,负载变化时,电路中的电流就会变化,路端

电压也随之变化。根据式(8-17)可知:

$$U = E - Ir \tag{8-20}$$

一般情况下,电源的电动势 E 和内阻 r 是固定的,所以根据式(8-18)可知,当外电阻 R 增大时,回路的电流 I 会减小,内电路的电压降 U' 也会随之减小,路端电压 U 会增大。反之,当外电阻 R 减小时,电流 I 增大,路端电压 U 减小。

项目实施

恒定电流在日常生活及工业生产中有着广泛的应用,理解闭合回路的结构形式,电流做功、回路的热能损耗有助于分析机电设备中直流电机的功率输出及负载驱动能力。在机电系统设计中,电机功率选择是电机的初选条件,对电机额定功率的理解,有助于正确使用电机,延长电机的使用寿命。

一、实施示例

(1) 某微型用电设备的直流电动机内阻固定,当电动机加上 0.3 V 的电压时,通过的电流为 0.3 A,此时电动机不转,当加在电动机两端的电压为 2.0 V 时,电流为 0.8 A,这时电动机正常工作,则该用电设备的效率为多少?

解:当加 0.3 V 电压时,电动机不转,说明电动机无机械能输出,它消耗的电能全部转化为内能,此时电动机也可视为纯电阻,且电机电阻为

$$r = \frac{U_1}{I_1} = \frac{0.3}{0.3} = 1\ \Omega$$

当加 2.0 V 电压,电流为 0.8 A 时,电动机正常工作,有机械能输出,此时的电动机为非纯电阻用电器,消耗的电能等于转化机械能和内能之和。转化的热功率为

$$P_1 = I^2 r = 0.8^2 \times 1 = 0.64\text{ W}$$

回路总功率为

$$P = I_2 U_2 = 0.8 \times 2.0 = 1.6\text{ W}$$

电动机的效率是指电机驱动负载所做功的功率与电路回路总功率的比率,所以电动机的效率为

$$\eta = \frac{(P - P_1)}{P} = 60\%$$

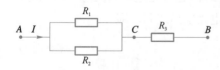

图 8-6 实施示例(3)题图

(2) 如图 8-6 所示,将 A、B 两端接到输出电压为 9 V 的电源上时,已知通过 R_1 的电流 $I_1 = 2\text{ A}$,电阻 $R_2 = 2\ \Omega$,电阻 R_3 上消耗的功率为 $P_3 = 15\text{ W}$,试求 R_1、R_3 分别为多少 Ω?

解：设干路电流为 I，R_1 电流为 I_1，则流经 R_2 的电流为 $I-I_2$，流经 R_3 的电流为 I。R_1 与 R_2 并联，所以两端电压相等，设为 U_{AC}，则 $U_{AC}=(I-I_1)R_2$，且 $U_{AC}+U_{CB}=U$；又因为电阻 R_3 上消耗的功率为 $P_3=15\text{ W}$，所以有 $U_{CB}=\dfrac{P_3}{I}$，则

$$\frac{P_3}{I}+(I-I_1)R_2=9\text{ V}$$

代入数据得 $I=5\text{ A}$，$R_3=0.6\ \Omega$，$R_1=\dfrac{(I-2)R_2}{I_1}=3\ \Omega$。

（3）如图 8-7 所示，两个电阻的阻值均为 $100\ \Omega$，A、B 两端的电压为 12 V，保持不变，现用一个内阻为 1.45 $k\Omega$ 的电压表去测量电阻 R 两端的电压，则电压表读数为多少？

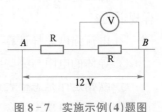

图 8-7　实施示例（4）题图

解：电压表与电阻 R 并联，总电阻为

$$R'=\frac{R_V R}{R_V+R}=\frac{1\ 450\times100}{450+100}=93.5\ \Omega$$

电压表的读数为

$$U_V=\frac{R'}{R'+R}U_{AB}=\frac{93.5\times12}{100+93.5}=5.8\text{ V}$$

（4）一只量程为 15 V 的电压表，串联一个 3 $k\Omega$ 的电阻后，再去测量实际电压为 15 V 的路端电压，电压表的读数为 12 V，那么这只电压表的内阻是多少？用这个串联着 3 $k\Omega$ 电阻的电压表去测量某段电路两端电压时，电压表的读数如果为 4 V，则这段电路的实际电压为多少？

解：设电压表内阻为 R_g，则 $\dfrac{R_g}{R_g+3\ 000}\times15=12$，得 $R_g=12\ k\Omega$。

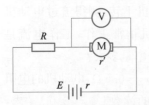

图 8-8　实施示例（6）题图

设实际电压为 U，则 $\dfrac{12\ k\Omega}{12\ k\Omega+3\ k\Omega}=\dfrac{4}{U}$，得 $U=5\text{ V}$。

（5）如图 8-8 所示，电源的电动势为 50 V，电源内阻为 1.0 Ω，定值电阻 R 为 14 Ω，直流电动机的电枢等效电阻 r' 为 2.0 Ω。电动机正常运转时，伏特表的读数为 35 V。求在 60 s 的时间内电源做的功和电动机上转化为机械能的部分是多少。

解：由题目条件可知电源内阻 r 和定值电阻 R 共同引起的电压降之和为 $(E-U)$，其中 E 为电源电动势，U 为电机两端电压（伏特表读数），所以电路中的电流为

$$I=\frac{E-U}{R+r}=\frac{50-35}{14+1}=1.0\text{ A}$$

所以在 60 s 内电源做的功为

$$W_E = EIt = 50 \times 1 \times 60 \text{ J} = 3.0 \times 10^3 \text{ J}。$$

在 60 s 内电动机上把电能转化为机械能的部分是：

$$\Delta E = IUt - I^2 r't = 1.0 \times 35 \times 60 - 1^2 \times 2 \times 60 = 1.98 \times 10^3 \text{ J}$$

二、实施练习

(1) 学习相关理论知识思考下列问题。

① 什么是电流？电流的表达式是什么？电流的形成条件是什么？电流的方向是怎样规定的？

② 电流强度怎样计算？

③ 导体的电阻与哪些因素有关？

④ 欧姆定律是怎样表述的？闭合回路的欧姆定律怎样表达？

⑤ 电功和电功率的含义？

⑥ 焦耳定律是怎样表述的？焦耳定律的作用是什么？

⑦ 串联电路的总电阻怎样计算？并联电路的总电阻怎样计算？

⑧ 怎样理解电势、电势差、电压及电动势的联系与区别？

(2) 如图 8‐9 所示的电路中，电动机 M 的内阻是 $0.6\ \Omega$，定值电阻 $R = 10\ \Omega$，加在电路两端的直流电压 $U = 160\ \text{V}$，电压表示数 110 V，求：① 通过电动机的电流多大？② 电动机消耗的电功率为多少？③ 电动机工作 1 h 所产生的热量为多少？

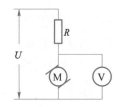　　　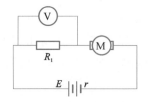　　　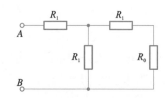

图 8‐9　实施练习(2)题图　　　图 8‐10　实施练习(4)题图　　　图 8‐11　实施练习(5)题图

(3) 有一个直流电动机，把它接入 0.2 V 电压的电路时，电机不转，测得流过电动机的电流是 0.4 A；若把电动机接入 2.0 V 电压的电路中，电动机正常工作，工作电流是 1.0 A。求电动机正常工作时的输出功率多大？发动机的发热功率是多大？

(4) 图 8‐10 所示电路中，电源电动势 $E = 10\ \text{V}$，电源内阻 $r = 0.5\ \Omega$，电动机的电阻 $R_0 = 1.0\ \Omega$，定值电阻 $R_1 = 1.5\ \Omega$。电动机正常工作时，电压表的读数 $U_1 = 3.0\ \text{V}$，求：① 电源总功率？② 电动机消耗的电功率？③ 电源的输出功率？

(5) 如图 8‐11 所示，R_0 已知，要使 A、B 间的总电阻恰等于 R_0，则 R_1 应为多少？

(6) 如图 8‐12 所示，电路中 A、B 两点接在恒压电源上，内阻不可忽略的电流表 A_1 和 A_2 并联时，读数分别为 2 A 和 3 A。若将两只电流表串联起来接入电路中，两只电流表的读

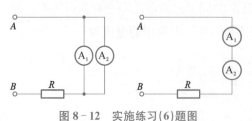

图 8‐12　实施练习(6)题图

数均为 4 A,则电路中不接入电流表时,流过电阻 R 的电流是多少?

(7) 某电炉在额定电压下的电功率为 $P_0 = 400$ W,电源在不接负载时的路端电压与电炉的额定电压相同。当把电炉接到该电源时,电炉实际消耗的功率为 $P_1 = 324$ W。若将两个这样的电炉并联接入该电源,那么两个电炉实际消耗的总功率 P_2 为多少?

(8) 如图 8-13 所示是对蓄电池组进行充电的电路。A、B 两端接在充电机的输出端上,蓄电池组的内阻 $r = 20$,指示灯 L 的规格为"6 V,3 W"。当可变电阻 R 调到 20 Ω 时,指示灯恰能正常发光,电压表示数为 52 V(设电压表内阻极大),试求:

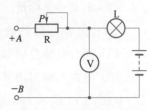

图 8-13 实施练习(8)题图

① 蓄电池组的总电动势;② 充电机的输出功率;③ 对蓄电池组的输入功率;④ 充电机的充电效率。

(9) 某太阳能电池板,测得它的开路电压为 800 mV,短路电流为 40 mA 若将该电池与一阻值为 20 Ω 的电阻器连成一闭合电路,则它的路端电压是多少?

要点小结

一、固定环境下,导体的电阻为定值

固定环境下,一般认为电阻为定值,不可由 $R = U/I$ 认为电阻 R 随电压大而大、随电流大而小。

二、用电设备正常工作的条件

用电设备正常工作的条件与其铭牌上标注的额定电压、额定电流及额定功率有关。如果以下三个条件中的任何一个得到满足时,其余两个条件必定满足,因此它们是用电设备正常工作的等效条件。

(1) 用电设备两端的实际电压等于其额定电压。

(2) 用电设备中的实际电流等于其额定电流。

(3) 用电设备的实际电功率等于其额定功率。

三、电功率与热功率之间的关系

(1) 纯电阻电路(电路中只有电阻性发热元件,如电熨斗、电炉子等)中,电功率等于热功率。

(2) 非纯电阻电路(电路中有功能性用电设备,如电机、风扇等设备需输出机械能或其他能量)中,电能除了转化为电热以外还同时转化为机械能或化学能等其他能,所以电功必然大于电热。这时电功只能用 $W = UIt$ 计算,电热只能用 I^2Rt 计算,两式不能通用。

四、电势与电流方向

正电荷在静电力的作用下从电势高的位置向电势低的位置移动,电路中正电荷的定向移动方向就是电流的方向,所以在外电路中沿电流方向电势降低。

五、电源电动势

（1）电源电动势是非静电力搬运电荷所做的功跟搬运电荷电量的比值，$E = W/q$，它表示电源把其他形式的能转化成电能本领的大小，在数值上等于电源没有接入电路时两极间的电压，单位也为 V。但是电动势不是电压。

（2）电动势是标量。

六、闭合电路的输出功率

（1）闭合电路总功率的组成：$P_总 = EI = U_外 I + U_内 I = UI + I^2 r$。

（2）电源的输出功率与电路中电流的关系为 $P_出 = EI - I^2 r = -r\left[I - E/2r\right]^2 + E^2/4r$；当 $I = E/2r$ 时，电源的输出功率最大，为 $P_m = E^2/4r$。

（3）电源的输出功率与外电路电阻的关系为 $P_出 = I^2 R = \dfrac{E^2}{\dfrac{(R-r)^2}{R} + 4r}$；当 $R = r$

时，也即 $I = E/2r$ 时，电源的输出功率最大，为 $P_m = E^2/4r$。

（4）电源的供电效率 $\eta = \dfrac{P_出}{P_总} \times 100\% = \dfrac{U_外}{E} \times 100\% = \dfrac{R}{R+r} \times 100\%$。

项目九　磁场及其应用

项目描述

日常生活中经常能看到磁性材料的应用，如在房门打开的位置上安装门吸以便吸紧房门；把螺钉旋具的刀头做成磁性的，拧螺钉的时候防止螺钉掉下；还有诸如冰箱上的冰箱贴、磁带、磁卡等。

工业生产中对磁场的应用更是广泛，钢铁厂利用大型磁铁吊起成吨的钢材；采用磁电式仪表用来检测电流或电压；采用电磁式接触器或继电器设计机电设备的控制回路等。

本项目主要描述了磁场、磁感应强度、磁通量的相关概念及计算；磁场对通电导线的作用，对运动电荷的作用等相关理论。日常生活及工业生产中的诸多关于磁的应用都是基于上述相关理论。

相关理论

一、磁场

1. 磁场的概念

磁体具有磁性，能够吸引铁质物体，磁体的磁性最强的区域叫作磁极，能够自由转动的磁体,在静止时指向南边的磁极叫作南极或 S 级,指北的磁极叫作北极或 N 级。

　　磁极之间会产生磁力,磁力和电场力类似,也具有同性相斥、异性相吸的特性。磁极周围的空间存在**磁场**,磁场对处于其中的磁极产生磁场力的作用,因此磁极之间产生的作用力是通过磁场传递的。

　　磁场的方向规定为可自由运动的小磁针在磁场中,其 N 极受到的磁力的方向。如同在电场中用电场线表达电场方向,在磁场中也可以用磁场线来形象地表示磁场的方向。磁场线上每一点切线的方向都与该点磁场方向相同。

　　如图 9-1 所示为几种不同的磁场线。(a)和(b)分别是条形磁铁和 U 形磁铁的磁场线,(c)和(d)分别是近距离同名磁极和近距离异名磁极之间的磁场线。

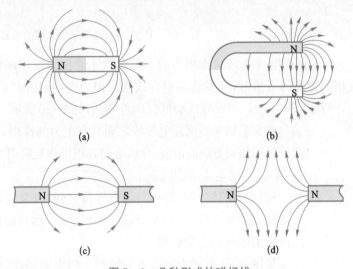

图 9-1　几种形式的磁场线

　　对于磁体来说,磁场线是封闭的,在磁体外部,磁场线是从 N 极到 S 极,而在磁体的内部,磁场线则是从 S 极到 N 极。

　　磁场线也不是实际存在的,只是形象的表达磁场的一种假想线,磁场线较密集的地方表示磁场较强,磁场线较稀疏的地方表示磁场较弱。

2. 电流的磁效应

　　丹麦物理学家奥斯特发现当导线附近平行放入悬挂的小磁针,导线通电的瞬间,磁针会发生一定角度的偏转,这种现象说明磁针受到了磁场力的作用,因此奥斯特提出通电导线周围也存在磁场,如图 9-2 所示。

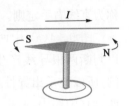

图 9-2　通电导线的磁场使磁针发生偏转

　　物理学家安培等人也做了很多实验对通电导体的磁场进行研究。实验发现,不仅通电导线对磁体有作用力,磁体对通电导线也有作用力,任意两条通电导线之间也有作用力。

　　如图9-3所示，一根导线放入蹄形磁铁的磁场中，当导线被通入图中所示方向的电流时，导线会向外摆动，说明通电导线受到了磁场对它的力的作用。

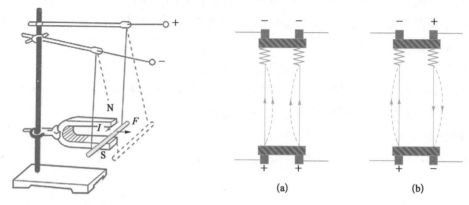

图9-3　磁场对电流的作用　　　　　　　　图9-4　通电导线之间的相互作用

　　图9-4所示为验证通电导线之间作用力的实验装置示意图。图中两根邻近放置的导线，当导线通相同方向的电流时，会发现两根导线同时向内弯曲，如图(a)所示；而当两根导线分别通不同方向的电流时，两根导线会同时向外弯曲，如图(b)所示。

图9-5　通电直导线产生的电磁场

　　该实验结果表明通电导线之间具有磁力的作用，且表现出当两根导线通相同方向的电流，导线之间表现出相互吸引力，当两根导线通不同方向的电流，导线之间表现出相互排斥力。

　　磁体与磁体之间，磁体与通电导体之间，以及通电导体与通电导体之间的相互作用，都是通过磁场发生的，称为**磁场力**。通电导线产生的磁场称为**电磁场**。

　　如图9-5所示为通电直导线产生的电磁场，其中导线中箭头的方向为电流的方向。电磁场是磁场线是一系列同心圆，处于与导线垂直的平面上。

　　通电直导线中的电流的方向与磁场线方向的关系可以用**安培定则**来判断。如图9-6所示，伸出右手握住导线，大拇指垂直与电流方向一致，弯曲的四指所指的方向即为电场线的环绕方向。

　　安培定则又称为**右手定则**，用来判断直线电流磁场的右手定则称为直线右手定则。

　　图9-4(a)中两根导线通相同方向的电流，通过右手定则可以判断两根导线产生的电磁场在导线之间的部分的方向是相反的，所以显示出异性相吸的特性，导线在吸引力作用下同时向内弯曲；而(b)图中，两根导线产生的电磁场在导线之间的部分方向是相同的，显示出同异性相斥的特性，因而导线在斥力作用下分别往外弯曲。

图9-6　直线电流的安培定则

如图 9-7 所示为以环形通电线圈,其电流称为环形电流。环形电流的磁场线是一系列围绕着通电线圈的闭合曲线,电流方向与磁场线环绕方向的关系仍然采用右手定则判断,伸出右手,弯曲四指与环形电流方向一致,大拇指所指方向即为磁场线环绕方向。

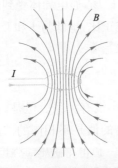

图 9-7　环形电流的磁场

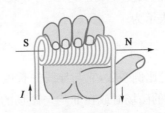

图 9-8　通电螺线管产生电磁场

图 9-8 所示为一通电螺线管产生电磁场的情况。按照右手定则,右手握住螺线管,四指弯曲的方向为螺线管中电流的方向,则大拇指所指的方向为螺线管中磁场线指向的方向。事实上,通电螺线管产生的磁场类似于一个磁铁的磁场,一端为 N 极,一端为 S 极,右手定则判断中大拇指所指的方向就是 N 极,螺线管外面的磁场线由 N 极指向 S 极,螺线管内部的磁场线由 S 极指向 N 极,与外部磁场线形成完整的封闭曲线。

用来判断环形电流及通电螺旋管的电磁场方向的安培定则又被称为**右手螺旋定则**。

3. 磁感应强度

1）磁感应强度的大小

和电场一样,磁场也有强弱,用**磁感应强度**来表达。

由于通电导体周围也有磁场,将一截通电导体放入由永磁体(天然磁体或人工磁体)形成的磁场中,导线与磁场垂直,如图 9-9 所示。当电闸合上

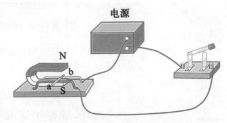

图 9-9　磁场中的通电导体受磁场力作用

后,短棒 ab 就成为通电导体,实验发现当电闸合上瞬间,该通电导体会动起来,说明该通电导体受到永磁体磁场力的作用。

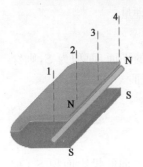

图 9-10　放入均匀磁场的通电导体

图 9-10 所示,用三个 U 形磁铁并列放置在一起模拟两个平板磁极形成磁场,在两个磁极中间部分的磁场可以看作是均匀的,即磁场线平行且密度均匀,将通电导体按照与磁场垂直的方向放入该磁场,当电流通过导体瞬间,导体会摆动一个角度,说明受到磁场力的作用。

改变通入导体的电流及导体长度,实验表明,如果通电导体的长度增加,而流经电流不变的情况下,导体受到的磁场力会增加,同样的,如果通电导体的长度不变,而流经导体的电流增加,导体受到的磁场力也会增加。

设通电导体的初始长度为 L,电流为 I,受到的磁场力为 F,当导体长度不变,电流变为 $2I$,则导体受到的磁场力变为 $2F$;如果电流不变,导体长度变为 $2L$,则导体受到的磁场力也变为 $2F$。

因此可以说,当通电导体按与磁场垂直的方向放入磁场,通电导体受到的磁场力 F 的大小既与导线的长度 L 成正比,又与导线中的电流 I 成正比,也即与 I 和 L 的乘积 IL 成正比,用公式表示为

$$F = ILB \tag{9-1}$$

其中,B 是比例系数,它与导线的长度和电流的大小没有关系。但是,在同样的通电导体放入不同的磁场时或在非均匀磁场的不同位置,B 的值是不相同的。因此这里的 B 是与磁场强弱有关的系数,就是**磁感应强度**。按照式(9-1)可得磁感应强度的表达式:

$$B = F/IL \tag{9-2}$$

磁感应强度 B 的单位由 F、I 和 L 的单位决定。在国际单位制中,磁感应强度的单位是特斯拉,简称特,记作 T。按照 F、I 和 L 的单位可知:

$$1\,\text{T} = 1\,\text{N/Am} \tag{9-3}$$

磁感应强度是个矢量,不仅有大小,还有方向,其方向就是磁场的方向。

实验还表明,与磁场方向平行放置的通电导线不受磁场力作用。

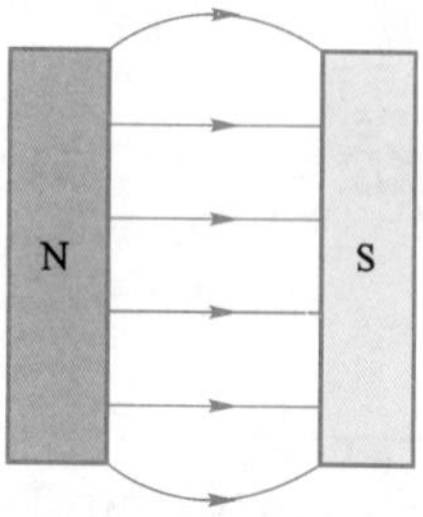

2) 匀强磁场

如果在磁场的某个区域内,磁感应强度的大小和方向都相同,这个区域里的磁场叫作**匀强磁场**,匀强磁场的磁感线是一些间隔相同的平行直线。

如图 9-11 所示为距离很近的两个平行的异名磁极之间形成的磁场,除最边缘部分外,磁极中间的磁场可以认为是匀强磁场。

相隔适当距离的两个平行放置的线圈通电时,其中间区域的磁场也是匀强磁场,所以通电螺线管的内部磁场也可以认为是匀强磁场。

图 9-11　匀强磁场

4. 磁通量

磁通量就是被用来表达穿过某一面积的磁场及它的变化的物理量。

1) 平面与磁场方向垂直的情况

设在磁感应强度为 B 的匀强磁场中,有一个与磁场方向垂直的平面,面积为 S,则穿过这个面积的磁通量为 B 与 S 的乘积,简称**磁通**,用字母 Φ 表示,即

$$\Phi = BS \tag{9-4}$$

2) 平面与磁场方向不垂直的情况

如果磁场 B 不与平面 S 垂直,则用这个平面在垂直于磁场 B 方向的投影面积 S'(称为有效面积)与 B 的乘积表示磁通量。如图 9-12 所示。

图中,假设平面 S 与磁场线的垂直方向夹角为 θ,则 $S' = S\cos\theta$,所以通过平面 S 的磁通量为

$$\Phi = BS' = BS\cos\theta \qquad (9-5)$$

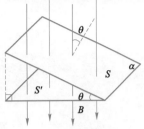

由上式可知,当平面与磁场方向平行,$\theta = 90°$ 时穿过平面的磁通量为 0,即没有磁通量穿过与磁场方向平行的平面。

在国际单位制中,磁通量的单位是韦伯,简称韦,符号是 Wb,根据式(9-4)及磁通量、面积的国际单位可知 1 Wb = 1 T·m^2。

图 9-12　与磁场不垂直平面的磁通量

从 $\Phi = BS$ 可知 $B = \Phi/S$,表示磁感应强度等于穿过单位面积的磁通量,因此磁感应强度又叫作**磁通密度**,单位为 Wb/m^2。所以,以下单位是等价的:

$$1\,\text{T} = 1\,\text{Wb/m}^2 = 1\,\text{N/A·m}$$

二、通电导线在磁场中受到的力

用图 9-3 所示的实验装置进行的实验已经证明通电导线在磁场中会受到磁场力的作用,为了纪念科学家安培,通电导线在磁场中受的力被称为**安培力**。

1. 安培力的方向

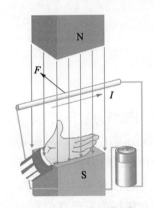

通电导线在磁场中所受安培力的方向,可以用**左手定则**判断:伸开左手,使拇指与其余四个手指垂直,并且都与手掌在同一个平面内,使磁场线的方向由手心穿入,这时拇指所指的方向就是通电导线在磁场中所受安培力的方向。如图 9-13 所示,根据判断结果可知安培力的方向与导线方向,磁感应强度的方向都垂直。

2. 安培力的大小

对于通电导体在磁场上受到的安培力的大小可分三种情况讨论。

图 9-13　左手定则

1)通电导线垂直与磁场

图 9-10 中,垂直于磁场 B 放置的长为 L 的一段导线,当通过的电流为 I 时,它所受的安培力 F 为

$$F = ILB \qquad (9-6)$$

2)导线与磁场方向平行放置

当磁感应强度 B 的方向与导线的方向平行时,根据左手定则无法对安培力进行判断,所以这种情况下导线是不受安培力作用的。

3)通电导线斜放在磁场中

如果通电导线与磁场方向成一定角度放置,如图 9-14 所示。

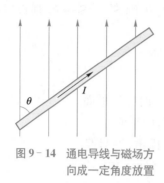

图 9-14　通电导线与磁场方
　　　　向成一定角度放置

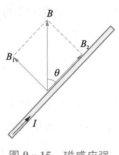

图 9-15　磁感应强
　　　　度分解

设磁感应强度 B 的方向与导线方向角度为 θ，在计算通电导线受到的安培力时，它可以分解为与导线垂直的分量 B_1 和与导线平行的分量 B_2，如图 9-15 所示。

由图可知：

$$B_1 = B\sin\theta$$

$$B_2 = B\cos\theta$$

由于 B_2 的方向与电流方向一致，不产生安培力，导线所受的安培力只由 B_1 产生，所以通电导线在磁场中受到的安培力为

$$F = ILB\sin\theta \qquad (9-7)$$

这也是一般情况下安培力的表达式，只适用于匀强磁场。

三、运动电荷在磁场中受到的力

1. 洛伦兹力及其方向

电流是由电荷的定向移动形成的，通电流的导体在磁场中受到磁场力的作用，运动电荷在磁场中同样会受到磁场力的作用。荷兰物理学家洛伦兹首先提出了磁场对磁场中的运动电荷具有力的作用，为了纪念洛伦兹，运动电荷在磁场中受到的力被称为**洛伦兹力**。通电导线在磁场中受到的安培力本质上与洛伦兹力是一样的，是洛伦兹力的宏观表现。所以运动的带电粒子在磁场中所受洛伦兹力的方向，仍然采用左手定则判定：伸开左手，使拇指与其余四个手指垂直，并且都与手掌在同一个平面内，让磁感线从掌心进入，并使四指指向正电荷运动的方向，这时拇指所指的方向就是运动的正电荷在磁场中所受洛伦兹力的方向。如图 9-16 所示，当磁场方向为垂直纸面朝里，正电荷运动方向向右，则根据左手定则可知，电荷受到的洛伦兹力向上。

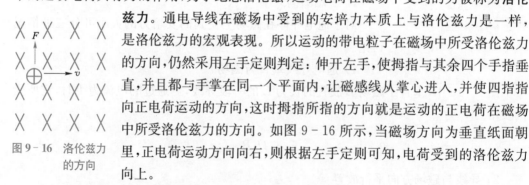

图 9-16　洛伦兹力
　　　　的方向

左手定则判断的是运动的正电荷的洛伦兹力的方向，负电荷的运动方向与正电荷运动方向相反，所以负电荷受力的方向与正电荷受力的方向相反。

2. 洛伦兹力的大小

电流是由电荷的定向移动形成的，通电导体在磁场中受到的安培力可以说是定向移

动的电荷在磁场中受到的洛伦兹力的集合,或者说电荷定向运动时所受洛伦兹力的矢量和在宏观上即表现为导线所受的安培力。

设单位体积导线中含有 n 个运动电荷,每个电荷的电荷量记为 q,每个运动电荷定向运动的速度都是 v,导线的横截面积为 S,则通过导线的电流 I 为

$$I = nqSv$$

当通电导线的方向与磁场的方向垂直,根据式(9-6)可知,安培力的大小为 $F = ILB$。设磁场对每个运动电荷的作用力为 f,长度为 L 导线内运动电荷总数为 N,则 $F = Nf$,即 $Nf = ILB$,将 I 的表达式代入得

$$Nf = nqSvBL$$

又因为该段导线中的运动电荷总数为 $N=nSL$,所以上式可改为

$$f = qvB \tag{9-8}$$

式(9-8)即为电荷量为 q 的粒子以速度 v 运动,速度方向与磁感应强度方向垂直时粒子受到的洛伦兹力。

其中,力、磁感应强度、电荷量、速度的单位分别为牛顿(N)、特斯拉(T)、库伦(C)、米每秒(m/s)。

而且根据式(9-8)还可以看出,磁感应强度也可以从运动电荷所受的洛伦兹力来定义,即

$$B = F/qv \tag{9-9}$$

根据安培力计算方法可知,当电荷运动的方向与磁场的方向夹角为 θ 时,电荷所受的洛伦兹力为

$$F = qv\sin\theta \tag{9-10}$$

四、带电粒子在匀强磁场中的运动

带电粒子在磁场中运动时,它所受的洛伦兹力总与速度方向垂直,洛伦兹力在速度方向上没有分量,所以洛伦兹力不会改变带电粒子速度的大小。根据带电粒子进入磁场的方向,其运动状态又有所不同。

1) 带电粒子速度方向与磁场方向相同

当带电粒子进入磁场的速度方向与磁场方向相同时,带电粒子不受洛伦兹力的作用,如果忽略粒子重力,则带电粒子做匀速直线运动。

2) 带电粒子速度方向与磁场方向垂直

当带电粒子的速度方向与磁场方向垂直时,洛伦兹力始终与其速度方向垂直,粒子速度的大小不变,方向不断发生改变。如果忽略粒子重力,粒子只受到洛伦兹力的作用,其合力即为洛伦兹力,其方向始终与速度方向垂直,所以,带电粒子此时在匀强磁场中做匀

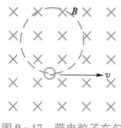

图 9 – 17 带电粒子在匀强磁场中作匀速圆周运动

速圆周运动,如图 9 – 17 所示。

如果忽略粒子的重力,则带电粒子在匀强磁场中运动只受到洛伦兹力的作用,即向心力就等于洛伦兹力,假设带电粒子的速度大小为 v,按照向心力计算公式可知:

$$qvB = m\frac{v^2}{R} \tag{9-11}$$

得到带电粒子在匀强磁场中的运行半径为

$$R = m\frac{v}{qB} \tag{9-12}$$

根据圆周运动周期的定义可知粒子作匀速圆周运动的周期为

$$T = \frac{2\pi R}{v} \tag{9-13}$$

或者写为

$$T = \frac{2\pi m}{qB} \tag{9-14}$$

项目实施

磁电式仪表、电动机等工业生产中许多常用的器具及设备等都是采用磁电效应,理解磁场相关理论、理解磁场对通电导体的及运动电荷的作用,有助于机电系统中控制系统的设计、电机的选择及应用等。

一、实施示例

(1) 磁电式电流表的工作原理。

磁电式电流表的结构如图 9 – 18 所示,其基本结构是磁铁、放在磁铁两极之间的线圈及指针。

蹄形磁铁的两极间安装一个固定的圆柱形铁芯,铁芯外面套一个可以绕固定轴旋转的铝制框,铝框上绕有线圈,转轴上安装有两个螺旋弹簧和一个指针,线圈的两端分别接在两个螺旋弹簧上。

蹄形磁铁和铁芯间的磁场均匀辐向分布,当电流通过线圈时,导线受到安培力的作用,而且由左手定则可以判定,线圈左右两边所受的安培力的方向相反,于是安装在轴上的线圈就要转动,如图 9 – 19 所示是线圈在磁场中受力情况的图示。

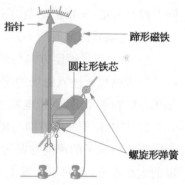

图 9 – 18 磁电式电流表

线圈转动时,图 9 - 18 中的螺旋弹簧变形,反抗线圈的转动。电流越大,安培力就越大,螺旋弹簧的形变也就越大。所以,从线圈偏转的角度就能判断通过电流的大小,且测量时,指针的偏转角度与电流强度成正比,电流表的刻度是均匀的。当线圈中的电流方向改变时,安培力的方向随着改变,指针的偏转方向也随着改变,所以,根据指针的偏转方向,可以知道被测电流的方向。

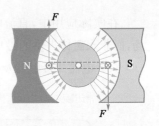

图 9 - 19　电流表中通电线圈受到安培力作用

这种利用通电线圈受到安培力的作用从而带动指针指示读数的仪表称为磁电式仪表,而电流表是其中一种典型应用。

这种磁电式电流表的优点是灵敏度高,可以测出很弱的电流;缺点是线圈的导线很细,允许通过的电流很弱(几十微安到几毫安)。

(2) 直流电机的工作原理。

直流电机也是利用磁场对通电线圈的作用工作的。如图 9 - 20 所示是一种永磁式直流电机的结构。一对磁极提供磁场,线圈由直流电源供电,线圈的两端连接换向片,换向片分别紧贴着与直流电源相连的电刷。

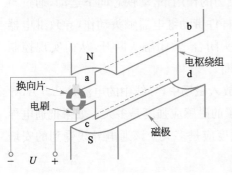

图 9 - 20　永磁式直流电机的结构

直流电机的通电线圈又称为电枢绕组,当电枢绕组通电方向如图 9 - 21(a) 所示时,根据左手定则可知导线 ab 受到的安培力向左,而导线 cd 受到的安培力向右,电枢绕组受到的磁力矩为逆时针方向,从而逆时针旋转;当导线 cd 转到上端,因为换向片和电刷的作用,此时电流向里,受到磁场力向左,导线 ab 转到了下端,电流方向向外,受到磁场力向右,电机电枢绕组仍然逆时针旋转,如图(b)所示,所以电机的电枢绕组的旋转方向不会发生改变。

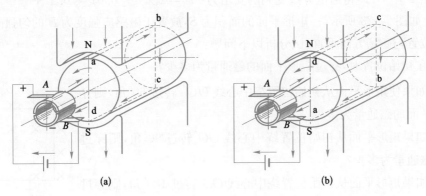

(a)　　　　　　　　(b)

图 9 - 21　直流电机的工作原理

在直流电机里,电枢绕组受到磁场力的作用而发生旋转,称为转子,提供磁极的永磁体固定不动,是电机的定子部分。

在实际应用中,直流电机的定子磁场通常是由线圈构成的定子绕组通电形成的电磁场,而非永磁体提供的磁场。提供电磁场的定子绕组也被称为励磁绕组。

(3)电磁式接触器及中间继电器。

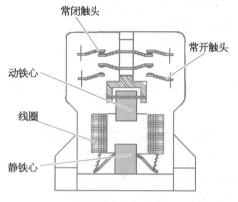

常闭触头

常开触头

动铁心

线圈

静铁心

图 9-22　电磁式中间继电器结构原理图

接触器及中间继电器是机电设备继电器控制回路的主要组成部件,是控制系统的控制器件。电磁式接触器及中间继电器主要应用通电线圈产生电磁场从而产生电磁力来实现其触点的通、断,进而实现控制电路的控制功能。如图 9-22 所示为一中间继电器的结构原理图。

静铁芯上绕有线圈,当线圈通电产生电磁场,在电磁力的作用下,动铁芯向下运动,通过与之相连的杆件带动继电器触头动作,导致继电器的常开触头闭合,常闭触头断开,从而实现控制回路的通断。

(4)一根长 1 cm 的通电导线与磁场方向垂直放入磁场中,导线中的电流是 2.5 A,导线在磁场中受到的安培力为 5×10^{-2} N,则这个位置的磁感应强度是多大?如果把通电导线中的电流强度增大到 5 A 时,这一点的磁感应强度应是多大?该通电导线受到的安培力是多大?

解:根据磁感应强度的公式可知

$$B = \frac{F}{IL} = \frac{5 \times 10^{-2}}{2.5 \times 1 \times 10^{-2}} = 2 \text{ T}$$

磁感应强度 B 是由磁场和空间位置(点)决定的,和导线的长度 L、通电电流 I 的大小都无关,所以该点的磁感应强度是 2 T。

根据 $F = BIL$ 得通电导线受到的安培力:$F = 2 \times 5 \times 0.01 = 0.1$ N

(5)如图 9-23 所示,一矩形平面的面积为 S,放置于磁感应强度为 B 的匀强磁场中,其初始位置与磁场方向垂直,试分析以下问题:

① 在初始位置时,穿过矩形平面的磁通量为多少?

② 如果使矩形平面从初始位置绕中心线 OO' 转过 60°角,则穿过矩形平面的磁通量为多少?

③ 如果矩形平面从初始位置绕中心线 OO' 转过 90°角,则穿过平面的磁通量为多少?

④ 如果矩形平面从初始位置绕中心线 OO' 转过 180°角,则穿过平面的磁通量的变化量为多少?

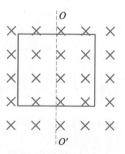

图 9-23　实施示例
(5)题图

分析:① 矩形平面与磁场方向垂直,则穿过平面的磁通量可直接根据磁通量计算公式计算得 $\varPhi = BS$;

② 使矩形平面绕 OO' 转过 60° 角,即平面与磁场方向夹角为 60°,所以:$\Phi = BS\cos 60° = 0.5BS$;

③ 若从初始位置转过 90° 角,则框架与磁场方向平行,穿过框架的磁通量为 0;

④ 因为磁通量是矢量,若矩形平面从初始位置转过 180° 角,则磁通量的方向正好与初始位置的磁通量相反,所以,磁通量为 $-BS$,磁通量变化量为末磁通量与初始磁通量的差:

$$\Delta\Phi = -BS - BS = -2BS$$

(6) 如图 9-24 所示,通电直导线 ab 的质量为 m,通以图示方向的电流 I,水平放置在倾角为 θ 的光滑导轨上,导轨宽度为 L,放置于方向竖直向上的匀强磁场中,如果要求导线静止在斜面上,则磁场的磁感应强度应该为多少?

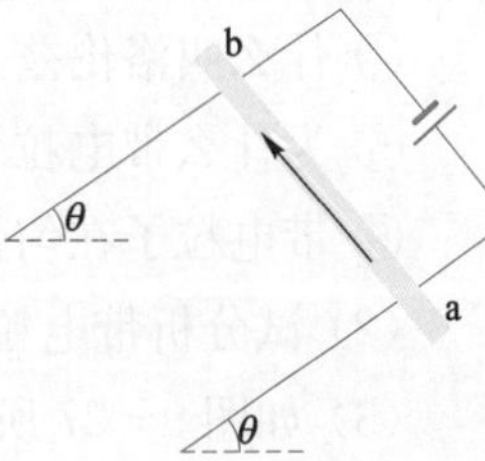

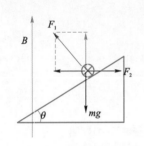

图 9-24　实施示例(6)题图

解:通电导线在匀强磁场中的受力分析如图 9-25 所示。除重力外,导线还受到斜面的支持力 F_1 和安培力 F_2,根据左手定则可知安培力水平向右。

对斜面的支持力 F_1 进行正交分解,分解为竖直向上的力 F_1' 和水平向左的力 F_1'',其中:$F_1' = F_1\cos\theta$, $F_1'' = F_1\sin\theta$。

如果要求导线静止在斜面上,则要求在水平方向上:$F_1'' + F_2 = 0$,竖直方向上:$F_1' + mg = 0$,设竖直向上为正方向,则有

$$F_1\sin\theta = BIL$$
$$F_1\cos\theta = mg$$

图 9-25　通电导线在匀强磁场中的受力分析

解得 $B = \dfrac{mg\tan\theta}{IL}$。

(7) 如图 9-26 所示,有一段长为 L,横截面积为 S 的直导线,直导线中单位体积内的自由电荷数为 n,每个自由电荷的电荷量为 q,自由电荷定向移动的速率为 v。将这段通电导线垂直磁场方向放入磁感应强度为 B 的匀强磁场中,试求:

① 通电导线中的电流。

② 通电导线所受的安培力。

③ 这段导线内的自由电荷总数。

④ 每个电荷所受的洛伦兹力。

解:① 通电导线中的电流 $I = nqvS$。

② 通电导线所受的安培力 $F_安 = BIL = B(nqvS)L$。

③ 设这段导线内的自由电荷数为 N,则 $N = nSL$。

④ 每个电荷所受的洛伦兹力可由安培力算得 $F_洛 = \dfrac{F_安}{N} =$

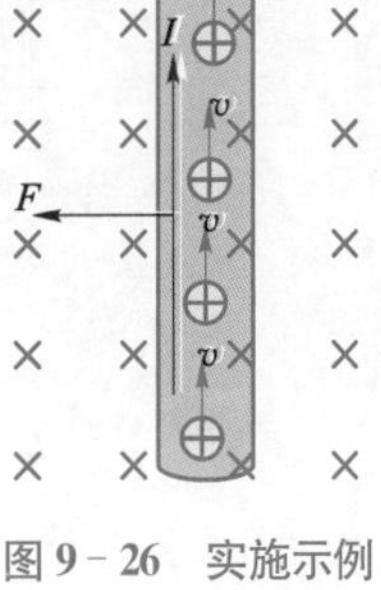

图 9-26　实施示例(7)题图

$$\frac{B(nqvS)L}{nSL} = qvB。$$

二、实施练习

（1）学习相关理论知识，思考下列问题。

① 怎样理解磁场与磁场线？

② 磁感应强度怎样计算？怎样判断其方向？什么样的磁场可以是匀强磁场？

③ 什么叫安培力？怎样计算安培力？如果判断安培力的方向？

④ 什么叫洛伦兹力？怎样计算洛伦兹力？如何判断洛伦兹力的方向？

⑤ 为什么带电粒子在匀强磁场中会做匀速直线运动或匀速圆周运动？

⑥ 带电粒子在匀强磁场中做匀速圆周运动，其运动半径为多少？运动周期为多少？

（2）试分析带电粒子在磁场中运动时，洛伦兹力是否对带电粒子做功？

（3）如图 9－27 所示，甲乙两个通电线圈并排靠近放置，a、b 和 c、d 分别是它们的接线端，电源的接线端为 e、f，现将 a、e 用导线连接起来。若接通电源后，甲乙互相吸引，则剩下的各个接线端应该怎样连接？

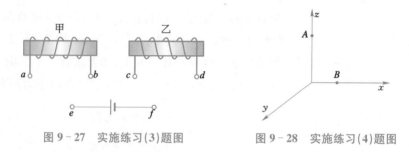

图 9－27　实施练习(3)题图　　　　图 9－28　实施练习(4)题图

（4）如图 9－28 所示，在三维直角坐标系中，如果有一束电子沿 y 轴正向运动，试分析 z 轴上 A 点和 x 轴上 B 点的磁场方向。

（5）图 9－29 所示的通电导体均放置于匀强磁场 B 中，图中 L 为导线长度，I 为通电电流，试分析通电导体在磁场中受到的安培力的方向。

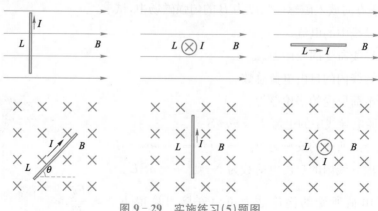

图 9－29　实施练习(5)题图

（6）如图 9-30 所示，三根导线 AB、BC、CA 连接在一起组成直角三角形 ABC 的形状，导线框内通有电流 $I=1\,\mathrm{A}$，放置在方向竖直向下的匀强磁场 $B=2\mathrm{T}$ 中，已知 $AC=40\,\mathrm{cm}$，$\angle A=30°$，求三根导线所受的安培力各为多少？

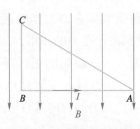
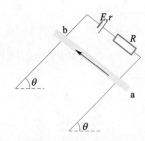

图 9-30　实施练习(6)题图　　　　图 9-31　实施练习(7)题图

（7）如图 9-31 所示，质量为 $0.1\,\mathrm{kg}$ 的金属导体 ab 水平放置在两根平行光滑的导轨上，导轨间距为 $0.2\,\mathrm{m}$，与水平面的夹角为 45°，两根导轨之间串联连接着一个电源和一个定值电阻，放于方向为竖直向上的匀强磁场中，磁场的磁感应强度为 $1\mathrm{T}$，电源电动势 E 为 $6\,\mathrm{V}$，内阻 r 为 $1\,\Omega$，设其他电阻不计，要使金属导体 ab 处于静止状态，则电阻 R 应为多少？

要点小结

一、磁场的叠加

如果空间中某点处同时存在两个以上的磁场，则该点的磁感应强度是各磁场的磁感应强度的矢量和，可采用平行四边形定则的方式进行计算。

二、磁感线

（1）磁感线是一系列假想线，用来直观描述磁场的方向和强弱，它并不是真实存在的。

（2）磁感线是闭合曲线。

（3）磁感线的疏密表示磁场的强弱，磁感线上某点的切线方向表示该点的磁场方向。

（4）任何两条磁感线都不会相交，也不能相切。

（5）匀强磁场的磁感线平行且距离相等，没有画出磁感线的地方不一定没有磁场。

三、磁通量

（1）磁通量是有正负的，如果在某个面积上有方向相反的磁场通过，求穿过该面积的总磁通量时，求取的应该是相反方向磁通量抵消后所剩余的磁通量，即穿过该面积的各方向磁通量的代数和。

（2）磁通量变化 $\Delta\Phi=\Phi_2-\Phi_1$ 是某两个时刻穿过某个平面 S 的磁通量之差，即 $\Delta\Phi$ 取决于末状态的磁通量 Φ_2 与初状态磁通量 Φ_1 的代数差。

四、安培力 F、磁感应强度 B 和电流 I 三者之间的关系

（1）已知 I、B 的方向，可唯一确定 F 的方向；

（2）已知 F、B 的方向，且导线的位置确定时，可唯一确定 I 的方向；

（3）已知 F、I 的方向时，磁感应强度 B 的方向不能唯一确定。

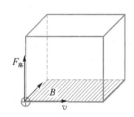

图 9 - 32 洛伦兹力的方向垂直于 v 和 B 组成的平面

五、洛伦兹力

（1）静止电荷产生电场；运动电荷除了会产生电场外，还会产生磁场。静止电荷受到库仑力的作用，运动电荷不仅受到库仑力的作用，还受到洛伦兹力的作用。

（2）以相同速度进入同一磁场的正、负两种电荷受到的洛伦兹力方向相反；洛伦兹力只改变运动电荷速度的方向，不改变速度的大小。洛伦兹力的方向垂直于速度 v 和磁感应强度 B 组成的平面，如图 9 - 32 所示。

六、洛伦兹力和电场力的区别

（1）电荷在电场中一定受到电场力的作用，与其运动状态无关；而电荷在磁场中，只有相对于磁场运动且运动方向与磁场方向不平行才受磁场力作用。

（2）电场力大小：$F_{电} = Eq$；洛伦兹力的大小：$F_{洛} = Bqv\sin\theta$。

（3）电荷在电场中所受电场力方向总是平行于电场线的切线方向；而电荷在磁场中所受磁场力的方向总是既垂直于磁场方向，又垂直于运动方向。

（4）电场力要对运动电荷做功（电荷在等势面上运动除外）；而电荷在磁场中运动时，磁场力一定不会对电荷做功。

（5）不计重力的带电粒子垂直进入匀强电场和垂直进入匀强磁场时都做曲线运动，它们的区别在于：带电粒子垂直进入匀强电场，在电场中做匀变速曲线运动（类似平抛运动）；带电粒子垂直进入匀强磁场，做变加速曲线运动（匀速圆周运动）。

七、洛伦兹力与安培力的关系

（1）洛伦兹力是单个运动电荷在磁场中受到的力，而安培力是导体中所有定向移动的自由电荷受到的洛伦兹力的宏观表现。

（2）洛伦兹力一定不对运动电荷做功，它不改变运动电荷的速度大小，但安培力却可以做功。

项目十 电磁感应及其应用

项目描述

日常生活和工业生产中我们随处可见到供电所、配电站等，而变压器是其中的主要设备，可以将电压升高以便远距离输送或是把电压降低以便供工业区及居民区生产、生活用电。变压器是电磁感应现象的典型应用,还包括各类电磁式传感器、感应式电机、发电机等。

本项目旨在讲述电磁感应现象及其相关的楞次定律、法拉第定律、自感现象及其应用等。

相关理论

一、电磁感应现象

电流能够产生磁场,同样的,磁场在某些条件下也能产生电流。如图 10-1(a)所示,在永磁体产生的磁场中有一段导体 AB,将导体的两端接入一个电流表,形成一个闭合回路。当导体向上或向下运动切割磁感线时,电流表的指针会发生偏转,说明导体中有电流通过。(b)图中,当磁铁从远处趋向螺线线圈,螺线线圈也切割磁感线,处于闭合回路的线圈中也会产生电流。

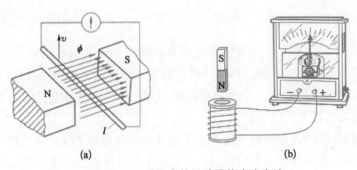

(a)　　　　　　　　　　　(b)

图 10-1　磁场中的运动导体产生电流

实验表明,无论是导体运动,还是磁场运动,只要切割磁场线,闭合回路中的导体中就会产生电流。

闭合回路中的导体切割磁场线,其本质上是改变了穿过闭合回路中穿过的磁通量的大小,因此,只要改变穿过闭合回路中磁通量的大小,回路中的导体就会产生电流。

图 10-1(a) 中,导体向上或向下运动,既是切割磁场线的过程,也是穿过闭合回路的磁通量逐渐变大或逐渐变小的过程;10-1(b) 中,当磁铁从远处趋近螺线管时,既可以理解为是磁铁与螺线线圈有相对运动,线圈切割磁场线,也可理解为是随着磁铁距离螺线管越来越近,螺线管中穿过的磁通量越来越多,因而是磁通量发生了改变。

这种由于穿过闭合回路的磁通量发生变化导致回路中产生电流的现象称为**电磁感应现象**,产生的电流称为**感应电流**。

穿过闭合回路的磁通量发生变化是电磁感应现象中导体产生感应电流的条件,这是由英国科学家法拉第在 1831 年首先提出的。

闭合回路中产生感应电流,说明这个回路中有电动势,这个电动势称为**感应电动势**。其中,由导体切割磁力线产生的感应电动势称为**动生电动势**;导体与磁场没有相对运动,仅仅由于闭合回路中的磁通量大小改变产生的感应电动势称为**感生电动势**。

如图 10-2 所示,把螺线管 A 套入螺线管 B 中,A 接上电源,当开关合上的瞬间,A 中产生电磁场,螺线管 B 周围的磁通量从无到有增加,电流表指针大幅偏转,说明这一瞬间 B 中产生感应电流,回路中产生的感应电动势即为感生电动势。或者改变回路中的滑动变阻器阻值,以此来改变回路中的电压和电流,由于电流的改变导致螺线管 A 中产生电磁场改变,螺线管 B 中的磁通量发生改变,所以 B 中也会产生感应电流。

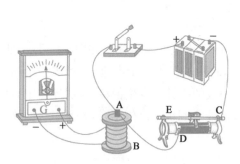

图 10-2　改变磁通量产生电流

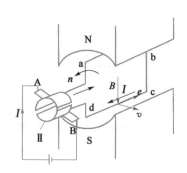

图 10-3　直流电机电枢绕组产生感应电动势

电磁感应现象在工业生产设备中普遍存在。如图 10-3 所示的直流电机,当电机转子绕组(通常称为电枢绕组)通电,通电线圈在磁场力的作用下旋转,旋转过程中切割磁场线,因此在电枢绕组中会产生一个感应电动势,该感应电动势与电机的外加电压极性相反,也被称为直流电机的反电动势。

直流电机的反电动势与电机转速及定子磁场的磁通量成正比。在忽略电枢绕组回路的等效电阻和等效电感的情况下,可以认为该感应电动势与加在电枢绕组上的电压大小相等。

电机的反电动势的作用是阻碍转子的转动,如果要使得转子维持持续转动,就要有电源持续为电枢绕组提供能量。

如果电机外带负载过大(称为电机过载)会导致电机转速下降或停止转动,电机电枢绕组中反电动势会减小或不会再有反电动势,由于电枢绕组中的等效电阻很小,这种情况下电枢绕组中的电流就会很大,长时间在过大电流下工作,电机电枢绕组会被烧毁,因此电机不能长时间运行在过载状态下。

二、楞次定律

1. 楞次定律

图 10-1(a)中,导体切割磁感线是向上运动还是向下运动,最终在导体中生产的感应电流的方向是不一样的,或者说穿过闭合回路的磁通量是增加还是减少最终导致的感应电流的方向是不一样的。楞次定律揭示了感应电流的方向与磁通量变化之间的关系。

如图 10-4 所示为当磁铁的 S 极进入螺线线圈及远离螺线线圈时线圈中产生的感应电流的情况。当磁铁的 S 极进入螺线线圈,会导致穿过螺线线圈的磁通量增加,此时螺线圈中产生的感应电流方向如图(a)所示,根据右手定则可知感应电流的磁场方向与磁铁的磁场方向相反,阻碍磁通量的增加;当磁铁的S极远离线圈,如图(b)所示,穿过螺线圈的磁通量减少,线圈中感应电流产生的磁场的方向与磁铁的磁场方向相同,是弥补了减少的磁通量或者说是阻碍了磁通量的减少。用磁铁的N极进入或远离线圈也会有相同的结论。

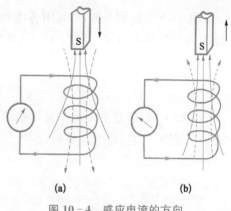

图 10‐4　感应电流的方向

因此可以说,无论螺线线圈中的磁通量是增加还是减少,其感应电流输出的磁场的方向永远都是阻碍线圈中磁通量变化的。

物理学家楞次进行了上述实验,并在 1834 年提出了**楞次定律**:感应电流的磁场总要阻碍引起感应电流的磁通量的变化。利用楞次定律就可以判断各种情况下线圈或导体中的感应电流的方向。

闭合回路中由于电磁感应现象产生感应电流,闭合回路中的导体因而成为通电导体,在磁场中受到安培力的作用,由安培力引起导体的运动或是具有运动趋势也总是要阻碍穿过闭合回路的磁通量的变化。这种情况被称为楞次定律的推广形式。

2. 用右手定则判断感应电流方向

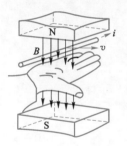

图 10‐5　右手定则

处于闭合回路中的导体在磁场中切割磁感线产生感应电流,其电流的方向可通过右手定则来判断:伸开右手,使大拇指跟其余四个手指垂直并且都跟手掌在一个平面内,把右手放入磁场中,让磁感线垂直穿入手心,大拇指指向导体运动方向,则其余四指指向感应电流的方向,如图 10‐5 所示。

右手定则是楞次定律的一种特殊情况,因此用右手定则判断出的结果与楞次定律得出的结果是一致的。

三、法拉第电磁感应定律

1. 法拉第电磁感应定律

闭合回路中电流是由电源的电动势产生的,因此闭合回路中如果产生感应电流则必定有感应电动势。当电路中有磁通量的变化时,电路中就会产生感应电动势,如果电路是闭合的,则在闭合回路中会有感应电流,如果回路不是闭合的,没有感应电流,感应电动势依然存在。

感应电动势的大小与磁通量的变化率有关,磁通量的变化率是指单位时间内磁通量的变化量。**法拉第电磁感应定律**描述了感应电动势的大小与磁通量变化率的关系:电路中感应电动势的大小,与穿过电路的磁通量变化率成正比。用表达式可表达为

$$E = k \frac{\Delta \Phi}{\Delta t} \qquad\qquad (10\text{‐}1)$$

其中,k 为比例系数,与式中各物理量单位的选择有关,设 $\Delta\Phi$ 的单位为 Wb,Δt 的单位为 s,E 的单位为 V,因为 $1\ \mathrm{V} = 1\ \mathrm{Wb/s}$,所以,这里 k 取 1,上式变为

$$E = \frac{\Delta\Phi}{\Delta t} \tag{10-2}$$

式(10-2)表达的是单根导体中的感应电动势,如果一个线圈由 n 根导线串联组成,则整个线圈总的感应电动势为

$$E = n\frac{\Delta\Phi}{\Delta t} \tag{10-3}$$

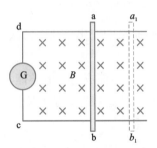

图 10-6 导体切割磁场线
产生感应电动势

2. 动生电动势的计算

1) 导体运动方向与磁感线方向垂直

如图 10-6 所示,闭合电路 abcd 放入匀强磁场 B 中,可移动导体 ab 长度为 L,以速度 v 向右移动,Δt 时间内移动到 $a_1 b_1$ 的位置。

此时闭合电路形成区域的面积变化量为

$$\Delta S = Lv\Delta t$$

则穿过闭合电路的磁通量的变化量为

$$\Delta\Phi = B\Delta S = BLv\Delta t$$

所以,根据法拉第电磁感应定律求得此时回路的电动势为

$$E = \frac{\Delta\Phi}{\Delta t} = \frac{BLv\Delta t}{\Delta t} = BLv \tag{10-4}$$

由此,导体切割磁场线形成的动生电动势可由式(10-4)求出。

2) 导体运动方向与磁感线方向不垂直

如果导体运动的方向与导体本身垂直,但是与磁感线的方向不垂直,如图 10-7 所示,此时,可对导体的运动速度进行分解。

设导体运动方向磁感线方向的夹角为 θ,此时,将导体的运动速度进行正交分解,分解为垂直磁感线方向及平行磁感线方向的分速度,所以

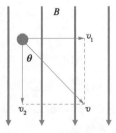

图 10-7 导体运动
速度分解

$$\begin{cases} v_1 = v\sin\theta \\ v_2 = v\cos\theta \end{cases}$$

由于切割磁感线的方向为 v_1 方向,所以当导体运动方向磁感线方向的夹角为 θ 时,产生的动生电动势为

$$E = BLv_1 = BLv\sin\theta \tag{10-5}$$

四、自感现象

1. 自感电动势

闭合电路中穿过的磁通量发生改变会导致感应电流及感应电动势的产生。事实上,不仅仅是导体运动或外磁场的改变能改变闭合回路中的磁通量,如果有线圈串联在带闭合回路中如图 10-8 所示,当电源接通或断开的瞬间,由于线圈中的电流从无到有,或是从有到无发生了巨大的变化,通电线圈周围的磁场也会发生巨大的变化,磁通量也会改变,因而闭合回路在电源接通或断开的瞬间也会产生感应电动势和感应电流。

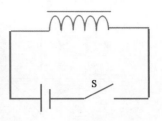

图 10-8　线圈通电或断电输出感应电动势

这种由于导体本身电流变化导致磁场变化引起的电磁感应现象称为**自感现象**。自感现象中产生的感应电动势称为**自感电动势**。

自感现象中可能会产生感应电流,也可能不会产生感应电流,主要取决于产生自感电动势时,电路是否为闭合回路。如图 10-8 中,开关 S 断开电路的瞬间,线圈失去磁场,磁通量减小导致产生感应电动势,电路开路,则不会有感应电流。但是图 10-9 中,当电源断开的瞬间,因为线圈与灯形成了回路,所以有感应电流。

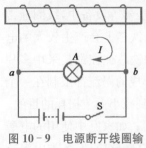

图 10-9　电源断开线圈输出感应电动势

根据楞次定律可知,闭合回路中感应电流产生的磁场总是阻碍原磁场穿过闭合回路中磁通量的变化,因此,自感电流也具有相同的特征。当线圈中电流减小产生自感电动势时,自感电动势与原电流方向相同;当线圈中因电流增加产生自感电动势时,自感电动势与原电流方向相反。图 10-9 中,当电源断开的瞬间,由于线圈中感应电动势的极性与原加电源极性相反,所以线圈与灯形成的回路中的感应电流方向如图中所示,线圈中的电流方向不变,但是灯中的电流方向与电源断开之前相反,此时,线圈相当于是灯的电源。

2. 自感系数

根据法拉第定律可知自感电动势也与穿过线圈的磁通量的变化率成正比,又因为线圈的自感电动势是由线圈中电流的变化引起的,所以穿过线圈的磁通量的变化率与线圈的电流变化率也是成正比的,所以,自感电动势也与线圈的电流的变化率成正比,表达为

$$E = L \frac{\Delta I}{\Delta t} \tag{10-6}$$

其中,L 称为线圈的**自感系数**,或简称**电感**。电感的大小完全由线圈本身的特性决定,线圈越长、匝数越多,自感系数 L 越大。同时,为了增加线圈的自感系数,还可以将线圈绕在铁芯上,绕在铁芯上的线圈的自感系数比没有铁芯的相同的线圈的自感系数要大很多。工业应用中,很多电磁式设备中的线圈都是绕在铁芯上的,如电磁式接触器、电磁阀等。

电感的单位为亨利,简称亨,符号为 H。如果通过线圈的电流在 1 s 时间内改变 1 A 所产生的感应电动势为 1 V,则该线圈的电感为 1 H,所以有

$$1\,H = 1\,V \cdot s/A$$

也可以说 H 与 V·s/A 是等价的。

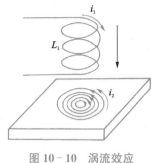

图 10-10　涡流效应

3. 涡流效应

当通电线圈从远处逐渐趋近于一块金属平板,线圈中的电磁场穿过金属平板的磁通量不断增加,在金属平板内部会产生感应电流,该感应电流自成闭合回路,形成一圈圈漩涡状的电流环,称为涡电流或涡流,如图 10-10 所示。

因为金属平板存在电阻,且电阻很小,因此具有较大的感应涡流,会导致平板发热,极大的消耗电能,称为涡流损失。在工业应用中,发电机、电机及变压器等设备中,线圈通常都是绕在铁芯上,而铁芯即类似于金属平板,当线圈通电瞬间,在铁芯上会产生较大的电涡流,形成涡流损失,为了尽量减少涡流损失,这些电气设备中的铁芯往往都是采用多片薄硅钢片叠加而成,硅钢片之间涂有绝缘材料,是每片硅钢片中形成的涡流都限制在一个狭窄的空间中,导致回路电阻大大增加,从而减小电涡流,最终达到减小涡流损耗的目的。

但是涡流效应在日常生活或工业生产中也得到了较大的应用。如家庭中使用的电磁炉就是利用了金属平板加热食物;工业应用中包括冶金工业中的高频感应炉、各类电涡流传感器等。

项目实施

无论是日常生活还是工业生产中都有很多电气设备都应用了电磁感应原理。只有深刻理解电磁感应现象才能理解这些电气设备的工作原理,达到在机械设备设计及器件选型中合理运用的目的。

一、实施示例

1. 分析自感式传感器基本原理

自感式传感器是电感式传感器的一种,电感式传感器是基于电磁感应原理,把被测量转化为电感(自感)量的一种装置。

图 10-11 为可以检测位移的变气隙式自感传感器的结构原理图,包括线圈、铁芯和衔铁,线圈绕在铁芯上,当线圈加电,会出现自感效应,而线圈的自感系数会受到铁芯与衔铁之间距离的影响。

设线圈的匝数为 N;铁芯与衔铁之间的间隙为 δ,也称为空气间隙或气隙;铁芯与衔铁正好相对放置,截面积

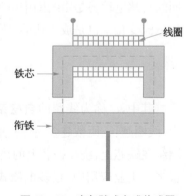

图 10-11　变气隙式自感传感器

为 A,则线圈的自感系数可以用下式表示:

$$L \approx \frac{N^2 \mu_0 A}{2\delta}$$

其中,μ_0 称为空气的磁导率。可见,线圈的自感系数与铁芯和衔铁之间的距离 δ 有关,会随着 δ 的增加而减小,但是这种关系并不是线性关系。

在应用时,将被测物体与衔铁连接在一起,随着衔铁与被测物体一起移动,铁芯和衔铁之间的距离 δ 会越来越小,因此只要知道线圈的电感变化量即可求得衔铁的与铁芯之间的距离变化量,也即物体的移动距离。传感器的后续测量电路能将线圈的电感变化量转化为电压输出,由此可获得线圈的电感变化量。

这种变气隙式传感器适用于检测较小的位移。

2. 分析涡流式传感器的基本原理

电涡流式传感器是一种利用涡流效应的非接触式传感器,可以用来检测位移、速度、振动等。

金属导体置于变化着的磁场中,导体内就会产生感应电流,电流就像水中的漩涡一样在导体内转圈,称之为电涡流或涡流。

在实际应用中,在传感器线圈中通入交变电流 I_1,由于电流的变化,在线圈周围就产生一个交变磁场 H_1,当被测金属置于该磁场范围内,金属导体表面会产生涡流 I_2,涡流也将产生一个新磁场 H_2,如图 10-12 所示。

H_2 与 H_1 的方向相反,因而抵消部分原磁场,从而导致线圈的电感量 L、阻抗 Z 和品质因数 Q 发生变化。而这些参数的变化量的大小与导体的电阻率 ρ、磁导率 μ 和线圈与导体的距离 x 以及线圈电流的角频率 ω 和导体的表面因素 r 等参数有关,都可以通过涡流效应和磁效应与线圈阻抗发生联系。也就说线圈组抗 Z 与这些参数可以写成以下函数形式:

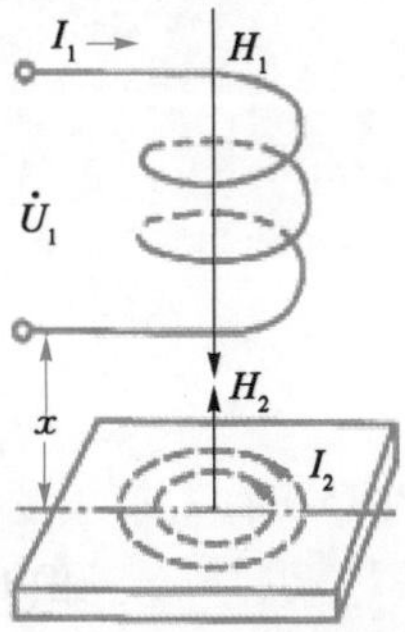

图 10-12　涡流传感器原理图

$$Z = f(\rho, \mu, x, \omega, r)$$

控制其他参数不变,只改变线圈与导体的距离 x,则阻抗 Z 变为 x 的单值函数,只要线圈与导体的距离 x 发生变化,检测线圈的阻抗就会发生相应的变化,因此只要检测出线圈的阻抗变化值,就能计算出被测金属导体的位移,这就是检测位移的涡流式传感器的基本工作原理。实验证明,当距离 x 减小时,电涡流线圈的等效电感 L 减小,等效阻抗 Z 会增大。

3. 建立直流电动机的电压平衡方程

直流电机利用电磁原理将电能转化为机械能来驱动被控对象的动作,其运动方程表征着电机运行过程中的电磁过程和机电过程。在平衡运行状态时,应该满足两个基本平衡方程,即电气系统的电压平衡方程和机械系统的转矩平衡方程。

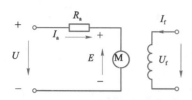

图 10-13　直流电机的结构简图

如图 10-13 所示为一他励式直流电机的结构简图，他励式直流电机的定子磁场是由励磁绕组通电形成的电磁场。其中 U 为电机输入电压，E 为电机电枢绕组的反电动势，I_a 为电机电枢电流，R_a 为电机电枢等效电阻，U_f 为励磁绕组励磁电压，I_f 为励磁绕组的电流。

当电机处于匀速运行状态时，应该满足以下电压方程：

$$U = E + I_a R_a$$

即此时电机电枢绕组的感应电势为

$$E = U - I_a R_a$$

如果忽略电枢绕组的电阻，则可以认为电机的反电动势大小就等于电机电枢绕组的外加电压。

4. 感应电流的应用

如图 10-14 所示，在一根通有直流电的载流导线附近有一个矩形线圈 $ABCD$，线圈与导线始终在同一个平面内，当线圈在导线的右侧平移时，线圈中产生了逆时针方向的电流。试判断线圈是在往左移动还是在往右边移动？

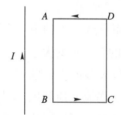

图 10-14　实施示例(4)题图

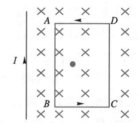

图 10-15　载流导线的磁场方向

分析：根据右手定则可知，载流导线产生的电磁场的方向在导线的右边是垂直纸面朝内的，如图 10-15 所示。

又因为矩形线圈的感应电流方向为逆时针方向，可得到线圈中感应电流的磁场方向是垂直纸面朝外的，与原磁场方向相反，根据楞次定律可知，矩形线圈必然是在导线的右边向左运行，线圈向左运动，穿过线圈的磁通量增加，而线圈感应电流的磁场方向是阻碍磁通量增加的方向。

5. 匀强磁场中的系统能量转化

如图 10-16 所示，在匀强磁场中有两根水平光滑导轨，导轨之间连接电阻 R，一根光滑金属导体 ab 放置在导轨上，在外力 F 的作用下向右做匀速直线运动，试分析金属导体 ab 运动过程中系统能量的转化情况。

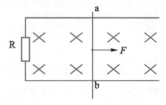

图 10-16　实施示例(5)题图

分析：当导体 ab 向右运动时，导体切割磁感线产生感应电流，根据右手定则可以判断感应电流的方向向上，于是导体 ab 成为通电导线，因而受到原磁场安培力的作用，根据左手定则可知安培力的方向向左，因为导体在向右的外力 F 作用下做匀速直线运动，所以导体 ab 在水平方向上受到一对平衡力的作用，即安培力的大小等于外力 F 的大小。在此过程中，外力 F 克服安培力做功，将外部能量转化为闭合回路的电能，闭合回路中串入电阻 R，所以，最终电流做功将电能转化为电阻的内能。

6. 磁场中感应电动势的计算

一个匝数 n 为 100，面积 S 为 $10\ cm^2$ 的线圈垂直放置在磁场中，在 0.5 s 内磁场磁感应强度从 1 T 变化到 9 T，求线圈中的感应电动势。

解：穿过线圈的磁感应强度从 1 T 变化到 9 T 时，磁通量的变化为

$$\Delta\Phi = \Delta B \cdot S = (9-1) \times 10 \times 10^{-4} = 8 \times 10^{-3}\ Wb$$

根据法拉第电磁感应定律求得线圈中的感应电动势：

$$E = n\frac{\Delta\Phi}{\Delta t} = 100 \times \frac{8 \times 10^{-3}}{0.5} = 1.6\ V$$

7. 匀强磁场的应用

如图 10-17 所示，两根足够长的光滑金属导轨竖直放置在匀强磁场中，匀强磁场与导轨平面垂直，导轨相距 l，两导轨之间连接一理想电流表，一根质量为 m、有效电阻为 R 的导体棒架在导轨上，从距离磁场上边界 h 处静止释放。导体棒进入磁场后，流经电流表的电流逐渐减小，最终稳定为 I。整个运动过程中，导体棒与导轨接触良好，且始终保持水平，不计导轨的电阻。求：

(1) 磁感应强度的大小 B。

(2) 电流稳定后，导体棒运动速度的大小 v。

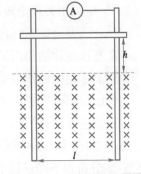

图 10-17　实施示例(7)题图

(3) 流经电流表的电流最大值 I_m。

解：导体在光滑的导轨上滑动，切割磁场线产生感应电流，通电导体在磁场中又受到安培力的作用。

(1) 当电流稳定后，表明导体棒做匀速直线运动，在竖直方向上安培力与导体重力是一对平衡力，所以有

$$BIl = mg$$

求得磁场磁感应强度为 $B = \dfrac{mg}{Il}$。

(2) 根据法拉第电磁感应定律可得导体中感应电动势为

$$E = Blv = \frac{mgv}{I},$$

又因为闭合回路的电阻为 R,电流为 I,可得

$$E = RI$$

有 $\dfrac{mgv}{I} = RI$,求得导体匀速运动的速度为 $v = \dfrac{I^2 R}{mg}$。

（3）由题意知,导体进入磁场之前做自由落体运动,进入磁场后会受到安培力的作用,因此导体刚进入磁场时的速度最大,设为 v_m,在导体未进入磁场之前,导体只受到重力作用,因此在这一段遵循机械能守恒定律,可得

$$\frac{1}{2}mv_m^2 = mgh$$

求得 $v_m = \sqrt{2gh}$。

感应电动势的最大值 $E_m = Blv_m = Bl\sqrt{2gh}$,而感应电流的最大值 $I_m = \dfrac{E_m}{R}$,解得

$$I_m = \frac{mg\sqrt{2gh}}{IR}。$$

二、实施练习

（1）学习相关理论知识,思考下列问题。

① 什么是电磁感应现象？怎样定义动生电动势和感生电动势？

② 楞次定律的作用是什么？楞次是怎样描述的？

③ 右手定则的作用是什么？右手定则是怎样的描述？

④ 法拉第电磁感应定律的作用是什么？是怎样描述的？

⑤ 感应电动势的计算公式有哪几种？分别适用于什么情况？

（2）如图 10-18 所示,一个水平放置的圆形闭合线圈,在细长磁铁的 N 极附近自由下落,试分析在下降过程中,线圈中的感应电流方向是怎样变化的？

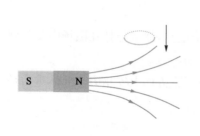

图 10-18　实施练习(2)题图

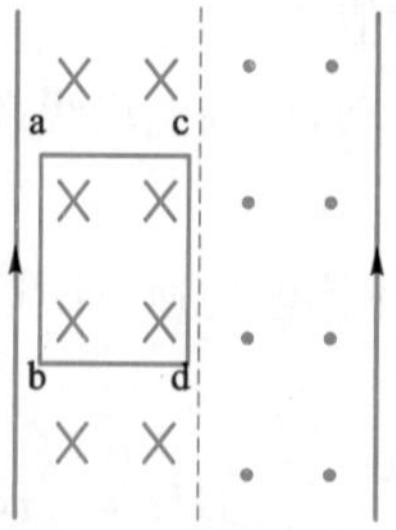

图 10-19　实施练习(3)题图

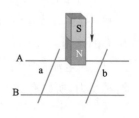

图 10-20　实施练习(4)题图

（3）如图 10-19,两根平行长直导线通以相同的电流,线圈 abcd 与导线始终在同一水平面,当它从左往右在两导线之间移动时,其感应电流的方向是怎样的？

（4）如图 10-20 所示,两根平行光滑金属导轨 A、B 上放置两根金属导体 a 和 b。当磁铁 N 极朝下,自上而下趋近导体时,金属导体 a、b 会怎样运动？

(5) 一个匝数 n 为 100，面积 S 为 10 cm^2 的线圈放置在磁场中，磁场的方向与线圈平面成 30°角，若在 0.5 s 内磁场磁感应强度从 1 T 变化到 9 T，求磁感应强度变化过程中通过线圈的磁通量变化了多少？磁通量的变化率是多少？线圈中的感应电动势是多少？

(6) 如图 10-21 所示，光滑导轨 MN 和 PQ，两端分别用阻值为 3 Ω 和 6 Ω 的电阻 R_1、R_2 连接起来形成闭合回路，导轨电阻忽略不计，导轨之间的距离为 50 cm，一根金属导体 AB 电阻为 1 Ω，可以在导轨之间左右滑动。整个装置放在磁感应强度为 1 T 的匀强磁场中，磁场方向垂直与导轨平面，现在用外力 F 拉着导体 AB 向右以 5 m/s 的速度做匀速运动，试求：

① 导体 AB 中产生的感应电动势，及 AB 上感应电流的方向。

② 导体 AB 两端电压（路端电压）。

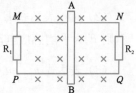

图 10-21 实施练习(6)题图

要点小结

一、产生感应电流的条件

(1) 导体切割磁感线并不是闭合回路中导体产生感应电流的充要条件，导体中是否会产生感应电流归根结底还要看穿过闭合回路的磁通量是否发生变化。

(2) 引起磁通量变化可能有三种情况：

① 穿过闭合回路的磁场的磁感应强度 B 发生变化。

② 闭合回路的面积 S 发生变化。

③ 磁感应强度 B 和面积 S 的夹角发生变化。

二、电磁感应中能量转化问题

电磁感应过程总是伴随着能量转化。导体切割磁感线或闭合回路中磁通量发生变化，在回路中产生感应电流，是机械能或其他形式的能量转化为电能；具有感应电流的导体在磁场中受安培力作用或通过电阻发热，又可使电能转化为机械能或电阻的内能。

三、楞次定律

感应电流具有这样的方向：感应电流的磁场总是要阻碍引起感应电流的磁通量的变化。凡是由磁通量的增加引起的感应电流，它所激发的磁场会阻碍原来磁通量的增加；凡是由磁通量的减少引起的感应电流，它所激发的磁场会阻碍原来磁通量的减少。感应电流的磁场不能完全阻止原磁通量的变化，只是延缓了原磁通量的变化。

四、右手定则与楞次定律

(1) 在闭合回路中导体运动的情况下，用右手定则和楞次定律判断感应电流的方向，结果是一致的，所以右手定则可以看作是楞次定律在导体运动情况下的特殊运用。

(2) 右手定则只适用于导体切割磁感线的情况，不适合导体不运动，磁通量变化是由于磁场本身变化或者闭合回路面积变化引起的情况。楞次定律则适用于所有情况，只是在导体切割磁感线的情况下用右手定则更方便。

五、感应电动势

（1）用表达式 $E = n\dfrac{\Delta\Phi}{\Delta t}$ 求出的感应电动势为 Δt 时间内的平均值，当 Δt 趋近于零时，求出的是瞬时感应电动势；式中 $\Delta\Phi$ 取绝对值，不涉及正负，感应电流的方向应该另外独立判断。

（2）对于表达式 $E = BLv$，若 v 为瞬时速度，则 E 为瞬时感应电动势；若 v 是平均速度，则 E 为平均感应电动势。v 指的是导体相对磁场的速度，并不是对地的速度。

（3）表达式 $E = n\dfrac{\Delta\Phi}{\Delta t}$ 研究的是整个闭合电路，适用于各种电磁感应现象；表达式 $E = BLv$ 研究的是回路中做切割磁感线运动的那部分导体，只适用于导体切割磁感线的情况。

项目十一　交变电流及其应用

项目描述

大小和方向都随着时间呈周期性变化的电流称为交变电流，简称为交流电。交流电是日常生活及工业生产中的主要用电形式，家庭生活中的各类照明和家用电器、工业生产中的各类机电设备大都采用交流供电。对交变电流相关概念和理论的理解有助于我们正确地使用交流电，有助于理解工业电气设备的工作原理以达到合理设计与选用的目的。

本项目讲述交变电流的相关概念和理论，包括正弦交流电的产生、描述、三相交流电及工业设备中常用的发电机、变压器、交流电机的工作原理。

相关理论

一、正弦交流电

1. 交流电的产生

如图 11-1 所示，一个线圈的两端通过滑环与电流表连接形成闭合回路，在永磁体形成的磁场中逆时针旋转。

根据电磁感应原理，线圈中形成感应电流，但是从电流指针偏移中可以看出，在线圈匀速旋转的过程中，线圈中的感应电流的方向和大小是连续变化的。从图中（a）到（b），线圈 AB 边的电流方向朝外，且大小从 0 到达最大值，从图（b）到（c），AB 边的电流方向朝外，大小从最大值到达 0；从图（c）到（d），线圈 AB 边的电流方向朝内，大小从 0 到达最大值，从图（d）再到（a），线圈 AB 边的电流方向朝内，大小从最大值再到达 0。

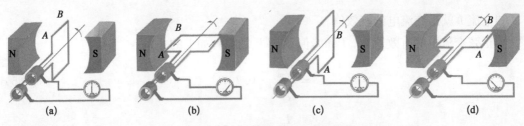

图 11 - 1　线圈中产生交变电流

线圈中产生的这种随着时间的变化,方向和大小连续发生变化的电流就称为**交变电流**。图 11 - 1 所示的交流电产生的过程即为交流发电机的工作原理。

2. 正弦交流电的变化规律

根据法拉第电磁感应定律可以推导出图 11 - 1 所示线圈中产生的感应电动势,表达为:

$$e = E_m \sin \omega t \tag{11-1}$$

从上式可以看出,线圈中产生的感应电动势就是呈正弦规律变化的。式中,e 是线圈中的瞬时电动势,E_m 是可能的最大感应电动势,ω 是线圈的旋转角速度。

当线圈组成的闭合回路中加入纯电阻性用电设备时(如发热电阻丝),设备两端的电压及回路中的电流也都是呈正弦规律变化的,分别表达为:

$$u = U_m \sin \omega t \tag{11-2}$$

$$i = I_m \sin \omega t \tag{11-3}$$

其中,u、i 表达的是实时变化的瞬时值,U_m 和 I_m 分别表达峰值。

上述呈正弦规律变化的交变电的波形可用图 11 - 2 表示。

图 11 - 1 中的线圈每转一圈,感应电动势、感应电流及回路路端电压都会按图 11 - 2 中的变化方式周期性变化一次,完成周期性变化所需时间称为一个**周期**,用 T 表示,单位是 s,交流电变化的周期越大说明其变化越慢。

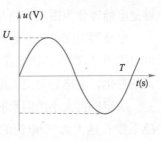

图 11 - 2　正弦交流电

交流电变化的快慢程度也可以用周期的倒数来表达,称为**频率** f,单位为 Hz。周期表达的是交流电变化一次所需的时间,而频率表达的是交流电 1 s 内完成变化的次数。

这里的 f 又称为线频率,与表达式中的 ω 有明确的关系:

$$\omega = 2\pi f \tag{11-4}$$

所以 ω 是 f 对应的角频率,单位为 rad/s。

3. 正弦交流电的有效值

在实际应用中,通常用有效值来表达交流电,如用电设备中标注的"AC220V"中的220 V 表达的就是电压的有效值。**有效值**是指如果让交流电与恒定电流分别通过相同的电阻,如果在交流电变化的一个周期内它们让电阻产生的热量相等,则恒定直流电的电压

U 和电流 I 就是交流电的有效值。

正弦交流电的有效值 U、I 和峰值 U_m、I_m 之间有如下的关系：

$$U = \frac{U_m}{\sqrt{2}} = 0.707U_m \tag{11-5}$$

$$I = \frac{I_m}{\sqrt{2}} = 0.707I_m \tag{11-6}$$

用电设备上标注的额定电压及额定电流一般都是指有效值。

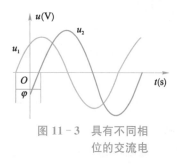

图 11-3　具有不同相位的交流电

4. 正弦交流电的相位角

如图 11-3 所示是两支不同的交流电，电压表达式分别是：$u_1 = U_{1m}\sin(\omega t + \varphi)$ 和 $u_2 = U_{2m}\sin \omega t$。

从表达式及图像上都可以看出，它们具有相同的周期，但是交流电 u_2 到达峰值的时间总是比 u_1 晚，那是因为它们相位不同。式中"$\omega t + \varphi$"称为**相位角**，当 t 为 0 时，φ 为**初相位**，显然 u_2 的初相位为 0，所以 u_2 称为比 u_1 相位滞后。

二、电感和电容在交流电路中的作用

1. 电感对交流电的阻碍作用

根据电磁感应原理可知，串联在带闭合回路中的线圈当通过的电流发生变化导致磁场变化时，线圈中会有感应电流产生，这种现象是自感。由具有自感系数的线圈构成的能够把电能转化为磁能存储起来的元件称为**电感器**。

电感器对交流具有阻碍作用，因为将具有电感的线圈串接入交流回路，即使忽略线圈的电阻不计，根据楞次定律可知，线圈中的自感电动势的作用就是阻碍引起自感电动势电流的变化。电感器对交流电阻碍作用的大小用**感抗** X_L 来表达。

决定感抗大小的因素有两个：一是交变电流的频率，二是线圈自感系数 L。线圈的自感系数 L 越大，交变电流的频率 f 越高，感抗也就越大，线圈的感抗 X_L 跟它的自感系数 L 和交变电流的频率 f 间有如下关系：

$$X_L = 2\pi f L \tag{11-7}$$

因为交流电的角频率 $\omega = 2\pi f$，所以上式也可以写为：$X_L = \omega L$。

2. 电容对交流电的阻碍作用

直流电不能通过电容，当电容极板间加上直流电源时，会有很短暂的充电电流给电容充电使电荷最终聚集在两块极板上，而不会有持续电流通过电容。

但是当电容器两端接交流电源时，由于交流电的瞬时电压是在不断变化的，当电压升高时，电容器充电，电荷向电容器的极板上聚集，形成充电电流；当电压降低时，电容器放电，电荷从极板上退出，形成放电电流。当电压反向时，电容器极板上电荷聚集及放电方向也会反向。电源加在两极板上电压的大小和正负在不断地变化，电容器交替地进行充电和放电,电路中有持续的交变电流,表现上就好像交流"通过"了电容器,但实际上自由电荷并没有通过电容极板间的绝缘介质。

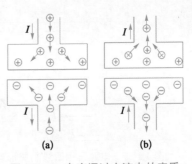

如图 11 - 4 所示,(a)图中表达的是当电压升高时电容的充电过程,(b)图中表达的是当电压降低时电容的放电过程,所以,可以看到电路中有不同方向的电流流通。当电容器反复不断地充电和放电,电路中就有持续的交变电流。

图 11 - 4　电容通过交流电的实质

但是,电容器对交流电仍然有阻碍作用。电容器充电与放电过程中,在电容器两极之间形成了跟原电压相反的电压,从而对电流产生阻碍作用,称为**容抗** X_C。

电容越大,在同样电压下电容器聚集的电荷就越多,容抗就越小;交变电流的频率越高,充电和放电就进行得越快,容抗也越小。电容的容抗 X_C 跟它的电容 C 和交变电流频率 f 间有如下关系:

$$X_C = \frac{1}{2\pi f C} \tag{11 - 8}$$

也可以写为 $X_C = \dfrac{1}{\omega C}$,其中 ω 为交流电的角频率。

三、三相交流电

1. 三相交流电的产生

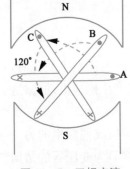

图 11 - 5 三相交流
电的产生

图 11 - 5 中,互相成 120° 角的三个闭合线圈 A、B、C 在相同的磁场中以相同的角速度 ω 匀速旋转,三个线圈中会产生三路交变的感应电流,这三路交变电流频率相同、幅值相同,但相位角相差 120°,称为三相交流电。

线圈中产生的三路感应电动势可分别表达为

$$e_U = E_m \sin \omega t$$
$$e_V = E_m \sin(\omega t - 120°)$$
$$e_W = E_m \sin(\omega t - 240°)$$

三相感应电动势的曲线图如图 11 - 6 所示。

三相交流电的电压及电流表现出的周期性的变化趋势及相位特征都与上图是一致的。

2. 三相交流电源的连接方式

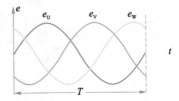

图 11 - 6　三相感应电动势曲线图

在实际应用中,三相交流电常按照星形连接方式连接,如图 11 - 7 所示。交流发电机的三个绕组为星形连接,驱动三个负载 Z_U、Z_V、Z_W。连接方式是:三个绕组的末端连在一起(如图中 N 点),每个绕组的另一端与一个负载的一端连在一起,三个负载的一端连接于一点(如图中 N' 点)。负

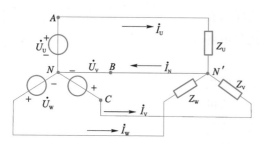

图 11-7　电源三相四线制星形连接方式

载的集中点 N' 和发电机绕组的集中点 N 采用一根线（称为中性线）连接在一起，形成**三相四线制**供电方式。这种连接方式的特点是采用四根线就可为三个负载供电，三个负载的相位差为 120°，中性线上的电流为零。

在星形连接中，设三相交流电分别为 U、V、W 三相，两个端线之间的电压称为线电压，如图 11-7 中 A、B 两点间的电压是线电压，三相交流电的线电压可以表示为 U_{UV}、U_{VW}、U_{WU}；端线与中性线之间的电压称为相电压，如图 11-7 中 A、C 两点间或 B、C 间的电压就是相电压，通常相电压可表示为 U_U、U_V、U_W。端线与中性线之间接负载就是单相电供电的情况。我国民用电的线电压为 380 V，相电压为 220 V，线电压是相电压的 $\sqrt{3}$ 倍。

项目实施

交流电是日常生活、生产中应用最广泛的一种供电形式，交流电传输、变压及应用都极其方便，深入理解交流电的产生及变化规律有助于我们更加合理地应用及设计与交流电相关的设备。

一、实施示例

1. 分析变压器的工作原理

变压器是电磁感应现象中互感现象的典型应用。当闭合回路中的电流发生变化时，电流产生的电磁场会随着发生变化，变化的电磁场会在附近的回路中产生感应电动势，这种现象称为互感现象。

变压器通过线圈间的电磁感应，将一种形式的电信号（或电能）转换成同频率的另一种形式的电信号（或电能），可以改变交流电的电压和电流。图 11-8(a) 为变压器的结构原理图。变压器的主要结构包括由涂有绝缘漆的硅钢片形成的闭合铁芯及绕在铁芯上的两个线圈组成的。

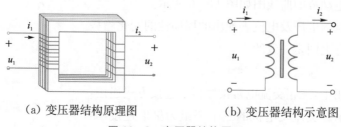

（a）变压器结构原理图　　　　（b）变压器结构示意图

图 11-8　变压器结构原理

其中一个线圈连接电源，称为初级线圈（原线圈）；另一个线圈连接负载，称为次级线圈(副线圈)。图 11-8(b)为变压器的结构示意图,是变压器结构的一种简化表达方法。

如果在能量转化的过程中能量损失很小,能够略去原、副线圈的电阻,以及各种电磁能量损失,这样的变压器我们称之为理想变压器。

在理想变压器中,当初级线圈中加上交变电压 u_1,则有交变电流 i_1 通过,在铁芯中产生交变的磁场,磁通量也是交变的。当连续变化的磁通量通过次级线圈,就会在次级线圈中产生感应电动势,当次级线圈为闭合回路,则会生产感应电流,次级线圈中的感应电压设为 u_2,感应电流为 i_2。

如果初级线圈中的交变磁通量为 $\Delta\Phi$,这个交变磁通量不仅穿过次级线圈,还穿过初级线圈本身,因此在初级线圈和初级线圈中都有感应电动势,设初级线圈与次级线圈的匝数分别为 n_1 和 n_2,且设原、副线圈中通过的磁通量始终相同,则初级线圈和初级线圈中的感应电动势分别为

$$e_1 = n_1 \frac{\Delta\Phi}{\Delta t}$$

$$e_2 = n_2 \frac{\Delta\Phi}{\Delta t}$$

所以有

$$\frac{e_1}{e_2} = \frac{n_1}{n_2}$$

也就是初级线圈与次级线圈中的感应电动势之比与两个线圈的匝数成正比。又由于理想变压器中线圈电阻忽略不计,所以两个线圈的路端电压与感应电动势相等,也就是两个线圈的路端电压之比与两个线圈的匝数也成正比,即

$$\frac{u_1}{u_2} = \frac{n_1}{n_2}$$

上式表达的就是变压器的工作原理。变压器的输出电压与输入电压之比等于线圈匝数之比,改变线圈匝数比就能改变输出电压。并且,当 $n_2 > n_1$ 时,$u_2 > u_1$,为升压变压器;当 $n_2 < n_1$ 时,$u_2 < u_1$,为降压变压器。

同时,在理想变压器中,变压器输出功率不变,有

$$u_1 i_1 = u_2 i_2$$

所以

$$\frac{i_2}{i_1} = \frac{u_1}{u_2} = \frac{n_1}{n_2}$$

即两级线圈中的电流与线圈匝数成反比,改变线圈匝数之比同样可以改变变压器输出电流。

　　在远距离输电时,为了减少输电线路上的电压损失及功率损失,一种常用的方法是在输送电功率不变的前提下,提高输电电压,以减少输电电流。在输送端,采用升压变压器现将电压升至 220 kV 或 330 kV 的高压,到用电所在地的一次高压变电所用降压变压器降压至 110 kV,再在二次高压变电所将电压将至 10 kV,送至生活区或是企事业单位用电区域再次降压使用。

　　2. 分析三相交流异步电机的工作原理

　　三相交流异步电机主要用于驱动大功率负载的场合,主要结构包括定子和转子两部分。其结构示意图如图 11 - 9 所示。

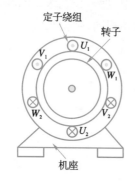 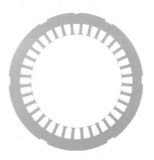

图 11 - 9　三相交流异步电机　　　　　　图 11 - 10　定子铁芯
　　　　　　结构示意图

　　1) 定子

　　定子部分主要包括定子铁芯、定子绕组、机座、端盖、风罩等部件。

　　定子铁芯是电动机磁路的一部分,用来放置定子绕组,一般用厚 0.35～0.5 mm、表面有绝缘层的硅钢片冲片叠装而成,在铁芯片的内圆冲有均匀分布的槽,以嵌放定子绕组,如图 11 - 10 所示。

　　定子绕组按 120° 角度差对称放置,并通入三相对称交流电,以产生旋转磁场。如图 11 - 11 所示,当三相绕组通图(a)所示的三相交流电时,定子绕组产生如图(b)所示的随着时间变化,以一定速度连续旋转的旋转磁场。

　　定子三相绕组的结构完全对称,一般有六个出线端,置于电动机机座的接线盒内,可

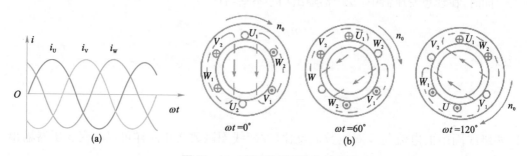

图 11 - 11　定子绕组产生旋转磁场

按需要将三相绕组接成星形（Ｙ）接法或三角形
（△）接法，如图 11 - 12 所示，(a)为星形连接，
(b)为三角连接。

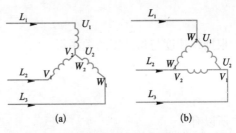

图 11 - 12　交流异步电机定子绕组的连接方式

　2) 转子

　转子是电动机的旋转部分，由转子铁芯、转
子绕组、转轴和风叶等组成。

　转子铁芯也是电动机磁路一部分，一般用
0.5 mm 厚、相互绝缘的硅钢片冲制叠压而成，硅钢片外圆冲有均匀分布的槽，用来安置转
子绕组。

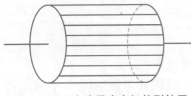

图 11 - 13　交流异步电机笼型转子

　处于定子产生的旋转磁场中的转子绕组会产生感
应电动势和电流形成通电线圈，因而受到旋转磁场电
磁力的作用而转动。转子绕组根据结构不同分为笼型
和绕线型两种，如图 11 - 13 所示是一种常用的鼠笼型
结构的转子。

　交流异步电机转子的转速总是小于定子旋转磁场的转速才能切割磁场线产生感应电
流，从而获得电磁力矩，这是异步电机名称的由来，其中旋转磁场的转速称为同步转速，转
子转速称为异步转速。

　3. 转动的线圈在匀强磁场中的磁通量变化分析

　设正方形线圈的边长为 L，在匀强磁场 B 中绕垂直于磁场的对称轴以一定角速度匀
速转动，如图所示，ab 和 cd 边垂直于纸面，转轴为 O，试分析：

　(1) 线圈转到什么位置时通过线圈的磁通量最大？这时
感应电动势是最大还是最小？

　(2) 线圈转到什么位置时通过线圈的磁通量最小？这时
感应电动势是最大还是最小？

　(3) 线圈转动一周，电流方向改变多少次？

　(4) 试推导该线圈中感应电动势大小的变化规律公式。

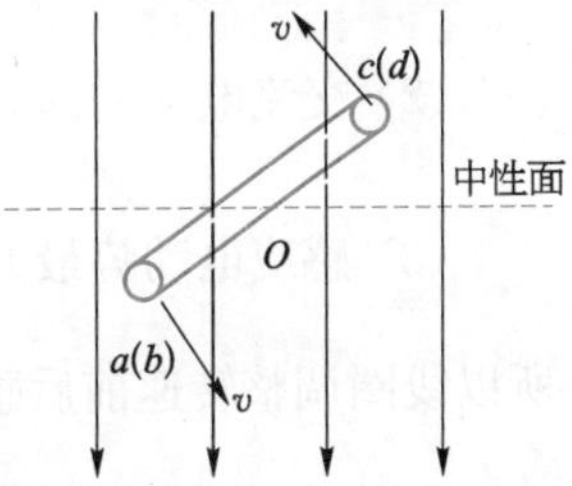

图 11 - 14　实施示例(3)题图

　分析：线圈平面与磁感线垂直的位置叫作**中性面**。

　(1) 线圈经过中性面时，穿过线圈的磁通量最大，但磁通量的变化率为零（ab 和 cd 边
都不切割磁感线），线圈中的电动势为零。

　(2) 线圈垂直于中性面时，穿过线圈的磁通量为零，但磁通量的变化率最大，线圈中
的电动势达到最大。

　(3) 线圈经过中性面时，电流将改变方向，线圈转动一周，两次经过中性面，电流方向
改变两次。

　(4) 设线圈匝数为 N，转速为 ω，则经过时间 t 转过的角度为 ωt。以线圈经过中性面
开始计时，在时刻 t 线圈中的感应电动势（ab 和 cd 边都切割磁感线）为

$$e = 2NBLv\sin\omega t$$

根据线速度与角速度的关系得

$$v = \omega\frac{L}{2}$$

所以有

$$e = NB\omega L^2 \sin\omega t$$

令 $E_m = NB\omega L^2$，则线圈中的感应电动势为：

$$e = E_m\sin\omega t$$

其中，E_m 为感应电动势的峰值，e 按照正弦规律变化。

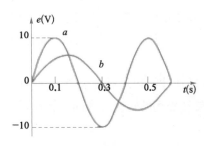

图 11 - 15   实施示例 4 题图

4. 匀强磁场中感应电流的计算

如图 11 - 15 所示，线圈在匀强磁场 B 中匀速转动，所产生的正弦交流电的图像为曲线 a，当调整线圈转速后，所产生的正弦交流电的图像为曲线 b，则：

（1）线圈先后两次转速之比为多少？

（2）试写出交流电 a 的瞬时值的表达式。

（3）交流电 b 的最大值为多少？

解：（1）由图可知线圈调整转速前后的周期分别为：$T_a = 0.4\text{ s}$，$T_b = 0.6\text{ s}$，则线圈先后两次转速之比 $n_a : n_b = T_b : T_a = 3 : 2$。

（2）交流电 a 的瞬时值为 $e = E_m\sin\left(\dfrac{2\pi}{T_a}t\right)$，得 $e = 10\sin 5\pi t$。

（3）感应电动势最大值 $E_m = NBS\omega = NBS\dfrac{2\pi}{T}$，其中 N 为线圈匝数，S 为线圈面积，所以线圈调整转速前后感应电动势最大值之比为

$$E_{ma} : E_{mb} = T_b : T_a$$

因为 $E_{ma} = 10\text{ V}$，所以转速调整后感应电动势的最大值为 $\dfrac{20}{3}\text{ V}$。

5. 交流电中电阻的功率与产生的电热

一个阻值为 $10\ \Omega$ 的电阻，施加在它两端的电压 u 随时间 t 的变化规律如图 11 - 16 所示，试计算：

（1）电阻消耗的功率。

（2）在交流电变化的半个周期内，电阻产生的电热。

解：由图像可知施加在电阻两端的是正弦交

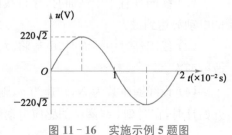

图 11 - 16   实施示例 5 题图

流电,电压最大值和电流最大值分别为 $U_m = 220\sqrt{2}$ V, $I_m = \dfrac{U_m}{R} = 22\sqrt{2}$ A,所以电阻两

端电压有效值及电流有效值分别为 $U_{有效} = \dfrac{U_m}{\sqrt{2}} = 220$ V, $I_{有效} = \dfrac{U_{有效}}{R} = 22$ A,所以:

(1) 电阻消耗的功率为

$$P = I_{有效}^2 \cdot R = \left(\frac{220}{10}\right)^2 \times 10 = 4\,840 \text{ W}$$

(2) 在交流电变化的半个周期内,电阻产生的电热:

$$Q = Pt = 4\,840 \times 1 \times 10^{-2} = 48.4 \text{ J}$$

6. 变压器中电压的计算

在绕制变压器时,误将两个线圈绕在变压器铁芯的左右两
个臂上,如图 11-17 所示。当线圈中分别通以交变电流时,每
个线圈产生的磁通量都只有一半通过另一个线圈,另一半通过
中间的臂,已知线圈 1、2 的匝数之比 $n_1 : n_2 = 2 : 1$,在线圈都不
接负载的情况下,试计算:

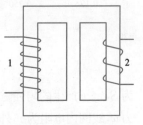

(1) 当线圈 1 输入电压为 220 V 时,线圈 2 输出电压为多少?

图 11-17　实施示例 6 题图

(2) 当线圈 2 输入电压为 110 V 时,线圈 1 输出电压为多少?

解:(1) 因为理想变压器原、副线圈电压之比 $U_1 : U_2$ 等于线圈中产生的感应电动势之比
$E_1 : E_2$,每个线圈产生的磁通量只有一半通过另一线圈,所以当线圈 1 输入电压 $U_1 = 220$ V
时,由

$$\frac{U_1}{U_2} = \frac{E_1}{E_2} = \frac{n_1 \dfrac{\Delta\Phi_1}{\Delta t}}{n_2 \dfrac{\Delta\Phi_2}{\Delta t}} = \frac{n_1 \Delta\Phi_1}{n_2 \Delta\Phi_2} = \frac{2}{1} \times \frac{2}{1} = \frac{4}{1}$$

得

$$U_2 = \frac{1}{4}U_1 = \frac{1}{4} \times 220 \text{ V} = 55 \text{ V}$$

(2) 当线圈 2 输入电压 $U_2 = 110$ V 时,有

$$\frac{U_2}{U_1} = \frac{n_2 \Delta\Phi_2}{n_1 \Delta\Phi_1} = \frac{1}{2} \times \frac{2}{1} = 1$$

所以:

$$U_1 = U_2 = 110 \text{ V}$$

二、实施练习

(1) 学习相关理论知识,思考下列问题。

① 正弦交流电是怎样产生的? 正弦交流电的变化规律是怎样的?

② 有哪些物理量被用来描述正弦交流电? 它们分别是什么含义?

③ 怎样理解交流电路中的电感对交流电的阻碍作用？

④ 为什么说交流电路中的电容可以导通电流？

⑤ 描述电感和电容对交流电阻碍作用的物理量是什么？电感和电容对交流电阻碍作用和哪些因素有关？

⑥ 什么是三相交流电的相电压？什么是三相交流电的线电压？

（2）实施示例 3 中图 11-14 所示，矩形线圈在匀强磁场中匀速转动。设线圈 ab 边长为 20 cm，ad 边长为 10 cm，磁感应强度 $B = 0.01$ T，线圈的转速 $n = 50$ r/s，求感应电动势的最大值及其对应的线圈位置。

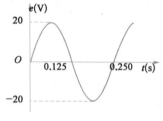

图 11-18　实施练习 3 题图

（3）一个矩形金属线圈在匀强磁场中匀速转动，产生的感应电动势图线如图 11-18 所示。如果此线圈中再串接一个 $R = 10$ Ω 的电阻构成闭合电路，不计电路中其他电阻，试计算带有电阻 R 的线圈在同样的匀强磁场中以同样的速度匀速转动，产生的感应电动势的最大值及有效值。

（4）一台交流发电机转子有 n 匝线圈，每匝线圈所围面积为 S，定子产生的匀强磁场磁感应强度为 B，转子线圈在定子匀强磁场中匀速转动的角速度为 ω，线圈内电阻为 r，外电路电阻为 R。当线圈由图 11-19 中位置匀速转动 60° 时求：

① 此时发电机的电动势为多少？电路中的电流为多少？电阻 R 两端的电压为多少？R 上产生的电热 Q 为多少？

② 发电机的输出功率为多少？

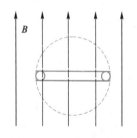

图 11-19　实施练习 4 题图

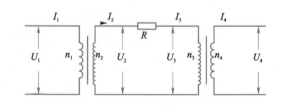

图 11-20　实施练习 5 题图

（5）设发电机输出功率 $P = 100$ kW，发电机端电压 $U = 1\,000$ V，采用如图 11-20 所示的先升压再降压的两级变压模式向远距离输电，输电线总电阻 $R = 10$ Ω。如果要求输电功率损耗为 5%，用户得到的电压恰好为 220 V，求所用的升压变压器及降压变压器的原副线圈匝数比各为多少。

要点小结

一、线圈感应电动势的变化

线圈感应电动势瞬时值和穿过线圈面积的磁通量的变化率成正比。当线圈在匀强磁场中匀速转动时,线圈磁通量是按正弦(或余弦)规律变化的,若从中性面开始计时,$t = 0$ 时,磁通量最大,此刻磁通量变化率为零,线圈感应电动势瞬时值为 0;$t = T/4$ 时,线圈与中性面垂直,磁通量为零,此刻磁通量变化率最大,感应电动势瞬时值达到峰值。

二、交流电的有效值

通常说的交流电的电压、电流强度以及交流电表的读数、熔丝的熔断电流的值,都是指交流电的有效值。此外求交流电的电热时,也必须用有效值来进行计算。

三、电感对电流的作用

恒定电流流过电感线圈时,电流没有变化,因此就不会产生自感现象,电感线圈对恒定电流而言无所谓感抗。

电感线圈对电流的作用可以概括为"通直流,阻交流";同时对频率越高的交变电流,感抗越大,即所谓的"通低频,阻高频"。

四、变压器只能在交流电路中工作

如果变压器接入直流电路,在铁芯中不会产生交变的磁通量,没有互感现象出现,所以变压器仅工作于交流电路。

机械工程中的流体及其应用

项目十二　液体的性质及其应用

项目描述

液体和气体由于其具有流动性而被统称为流体。在工业设备中流体的应用随处可见。

按照动力来源不同,机电系统中的执行装置有三种,除了最常见的电驱动执行装置如电机之外,还有液压驱动的如液压马达、液压缸等,气压驱动的装置如气压缸、气压马达等,都是工业生产中常见的执行机构。尤其是在工程机械中如各类建筑机械设备、马路及铁路修建中的各类机械设备等,由于它们的工作场合都是在野外,电力获得极不容易,其执行机构及其传动系统采用的几乎都是液压传动方式。

日常生活中也能见到利用液体驱动的一些小型设备或装置,如更换汽车轮胎时用到的液压千斤顶等。

液压传动的应用建立在流体静力学及流体动力学的理论基础上。本项目旨在讲述流体之一的液体的物理性质,静压特性、静压传递规律,液体流动特性、传递规律及动力学相关方程,并举例对基于上述液体特性的液压传动在机械设备中的应用进行一些简单介绍。

相关理论

一、液体的性质

液体属于流体的一种,因而液体也具有一般流体的基本特性,其各部分之间容易发生相对移动,具有流动性,没有固定的形状。液体的物理性质主要包括以下几个方面。

1. 液体的密度和容重

液体**密度**的含义与固体密度的含义一样,指的是单位体积中所包含的液体的质量,用符号 ρ 表示。一般在大气压及环境温度不变的情况下,液体的密度只与液体本身有关,或者说同种液体的密度是个常数,不同的液体具有不同的密度,事实上,大气压及温度的变化对液体密度影响较小,如水的密度一般都按照 $1\ \mathrm{g/cm^3}$ 来算。对于匀质液体来说,液体的密度可以用液体质量 M 与体积 V 的比值来计算,即

$$\rho = \frac{M}{V} \tag{12-1}$$

根据上式可知,密度的一个国际单位是 $\mathrm{kg/m^3}$。

液体的**容重**也称重度,是指液体单位体积上受到的重力,用 γ 表示,即

$$\gamma = \frac{G}{V} \tag{12-2}$$

因为 $G = mg$,所以

$$\gamma = \frac{Mg}{V} = \rho g \tag{12-3}$$

由上面两个表达式可知,液体容重的单位是 $\mathrm{N/m^3}$。

液体的容重和密度成正比,也是只与液体本身有关,不同液体的容重是不一样的。

2. 液体的黏滞性

液体具有流动性,各部分之间容易产生相对移动,当液体内部质点之间有相对运动时,质点间会产生内摩擦力阻碍质点的相对运动,这种性质称为液体的**黏滞性**,质点相对运动中产生的内摩擦力称为黏滞力。液体内部质点间内摩擦力的方向与质点间相对运动速度的方向相反。

液体的黏滞性表达的是液体的粘度,不同的液体具有的黏度不同,可用黏滞系数来表达。**黏滞系数**是指单位速度梯度上的内摩擦力,是反映液体黏性的内摩擦因数,用 μ 表示,其单位是 $\mathrm{N \cdot s \cdot m^{-2}}$,因为单位面积上的压力就是压强,所以黏滞系数的单位还可以是 $\mathrm{Pa \cdot s}$,这里的 Pa 是压强单位帕斯卡。不同液体的黏滞系数不同,同一种液体的黏滞系数在温度一定的情况可以视为一个常数,但是该物理量对温度变化较敏感,随着温度不同同种液体的黏滞系数会发生明显变化。

3. 液体的压缩性

给液体施加一定压力后,液体体积会缩小,当压力撤销之后,液体体积会恢复原状,类似于固态受力后的弹性形变,所以液体的这些性质也称为液体的弹性或叫**压缩性**。

液体的压缩性可用体积压缩系数 β 或体积弹性系数 K 来表征。体积压缩系数 β 值越大表示液体的压缩性越大;体积弹性系数 K 定义为 β 的倒数,K 越大,液体越不容易压缩,如果 K 趋向无穷,表示该液体绝不可被压缩。

二、帕斯卡定律

帕斯卡定律属于流体静力学的研究范畴,描述的是没有处于流动状态(或称静止状态)的液体对静压力的传递规律。

1. 液体的静压力

作用与液体表面上并与表面积成正比的力称为液体的**表面力**,比如直接施加给液体的压力,液体流动时的黏滞力,等都属于表面力。

液体单位面积上受到的法向力称为**静压力**。也就是液体受到的表面力与作用面垂直的情况。在物理学中,通常把单位面积上的受到的压力称为压强,但在工业应用中研究液压传动时总是习惯直接称为压力。根据定义,液体静压力的表达式为

$$P = \frac{F}{A} \tag{12-4}$$

其中,P 为压强或静压力,F 为表面力,A 为表面力作用面的面积。

静止液体的压力一方面总是垂直于承压面,另一方面,在液体内部任意一点的压力在各个方向上都是相等的。而且静止液体内部任意一点的压力都是由两部分组成的,一部分是液面上受到的表面力,另一部分是该点以上液体的重力产生的压力。

2. 帕斯卡定律及其应用

如果密封容器中的液体处于静止状态,则施加于液体上的静压力会大小不变地被传递到液体内部各个方向,这种特性被称为静压力传递特性,或称**帕斯卡定律**。

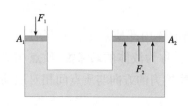

图 12-1　液压千斤顶原理示意图

如图 12-1 所示为液压千斤顶原理示意图,一个连通的容器中用活塞封装着液体。小活塞的面积为 A_1,在小活塞上垂直施加 F_1 的力,则施加在液体表面的表面力为 F_1,此时液体表面的静压力即压强为

$$P = \frac{F_1}{A_1}$$

根据帕斯卡定律可知,密封液体能大小不变的将静压力传递到液体内部各个方向,因此,图中大活塞与液体接触的表面上也具有大小为 P 的压强,因为大活塞的面积为 A_2,则,此时可求得作用在大活塞下表面的作用力 F_2:

$$\frac{F_2}{A_2} = \frac{F_1}{A_1}$$

$$\therefore F_2 = \frac{F_1}{A_1} A_2$$

所以,如果 A_2 远大于 A_1,则 F_2 会远大于 F_1,大活塞在 F_2 的作用下将置于活塞上的负载顶起。这就是千斤顶的工作原理,利用帕斯卡定理实现用较小的力能顶起较大的负载。

三、液体的连续性原理

1. 理想液体的定常流动

理想液体是指绝对不考虑其可压缩性和黏滞性的液体。事实上,实际液体的可压缩性很小,与理想液体的差别并不是很大,理想液体与实际液体最大的差别在于液体的黏滞性是否被忽略。在实际应用中,很多时候液体的黏性是不可忽略的,比如对液压系统进行建模分析时,系统中的黏性阻尼直接与液体的黏性相关,如果忽略不计,则有可能把一个稳定的系统变成为一个不稳定的系统。

液体流动过程中,如果假设液体中任何一点处的压力、速度和密度都是确定的,不随时间的变化而变化,则这种液体流动称为恒定流动或叫**定常流动**。事实上,液体流动中其内部质点有相对运动,同一时刻流体各处的运动状态是不尽相同的,只有在一些特定的情况下,才能将液体的流动看作是定常流动,比如沿着管道缓慢流动的水流,在一段不长的时间内可以认为是定常流动。

另外,液体的定常流动并不仅限于是指理想液体的流动,只要满足定常流动的定义,都成为定常流动。

采用一系列的曲线来表达液体的流动,曲线上每一点切线的方向都代表液体内流经该点的质点在该处的瞬间速度方向,这些曲线称为**流线**,如图 12-2(a)所示。

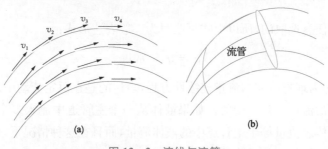

图 12-2 流线与流管

定常流动中的流线具有以下一些特点:

① 定常流动中,流线代表就是质点的运动轨迹,是连续的,不会随时间而改变。

② 因为定常流动中,液体内每个质点只有一个确定的运动方向,所以任意两条流线都不会相交。

③ 流线的疏密代表的是液体的流速,流线越密集代表流速越大。

流线中由一组流线围成的管状区域称为**流管**,如图 12-2(b)所示。

2. 液体的流量和流速

液体的**流量**是指单位时间内流过通流截面(一束流线范围内与所有流线都正交的截面称为通截面)的液体体积,用 q 表示。流量常用有单位:L/min 或 mL/min。

液体的**流速**指流动液体内的质点在单位时间内流过的距离;如果用液体流过的距离与该段距离所用时间的比值作为液体的流速,则该流速为液体在一段时间内的**平均流程**,可用 v 表示。

按平均流速通过通流截面 A 的流量就是液体的实际流量,即

$$q = vA \tag{12-5}$$

家庭中用的水表及工业设备中采用各类流量计都是用来计量液体流量的仪器仪表。

3. 液体的连续性原理

理想液体是绝对不可压缩并连续的,在流动过程中不会出现断断续续的现象,因此,当液体在管道内流动既不会增加也不会减少,液体的连续性原理描述的就是液体的这种特性。

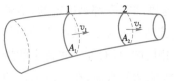

图 12-3　流体流经流管中
任意两个截面

设液体做恒定流动,在流线中任取某一流管,并取任意两个截面,截面积分别为 A_1 和 A_2,如图 12-3 所示。

由于在流管中稳定流动的理想液体既不能增加也不会减少,所以,在单位时间内通过流管任意截面的液体质量一定是相等的,这就是液体的**连续性原理**。

根据液体的连续性原理,图 12-3 中,液体单位时间内流经截面 A_1 和截面 A_2 的液体质量是相等的,相同时间内液体流量相等。所以,设液体流经截面 A_1 的速度是 v_1,流经截面 A_2 的速度是 v_2,则有下式成立:

$$A_1 v_1 = A_2 v_2 \tag{12-6}$$

由于截面是任意选取的,所以上式可改写为一般表达形式:

$$Av = q = 常量 \tag{12-7}$$

式(12-7)称为理想液体的流量连续性方程,表达的是在恒定流动中理想液体在流管中通过任意截面的流量都是不变的。如果液体从一个主管道中流入多个分支管道,则各分支管道中的液体总流量等于主管道中的液体流量,而且在这种情况下,也不存在主管道和支管道之间速度和面积的反比关系。

液体的连续性原理在生活、生产中比较常见。如家里卫生间中的水龙头开一个时水流量较大,但是再一起多开几个,就发现每个水龙头出水量都很小,这是因为引水入卫生间的水管提供的水量是固定的,当卫生间只打开一个水龙头,所有的水量都流经该出口,而几个水龙头同时打开,水流量就会分开从各出口流出,总水量保持不变,每个出口水量自然变少。

又如在一条河流中,河面较宽的地面,水流比较缓慢,但是河面狭窄的地方,水流比较急,就是因为根据液体的连续性原理可知,水流量在河流的每个截面上都相当,所以截面窄的地方,水流速会更快。

四、伯努利方程

理想液体在流管中做恒定流动,不仅在质量上遵循液体连续性原理,在流管的任意截面其流量都不变,而且还遵循能量守恒。

恒定流动的理想液体的能量包括势能、动能、压强能三种,液体在流管中任意位置这

三种能量的总和是恒定的。

如图 12-4 所示,密度为 ρ 的理想液体的恒定流动中任取一细小流管,取两个通流截面 A_1、A_2,两个截面上受到的外力分比为 F_1、F_2,由此产生的压强(液压系统中习惯上也称压力)分别为 P_1、P_2,两截面距离同一水平面高度分别为 h_1、h_2。

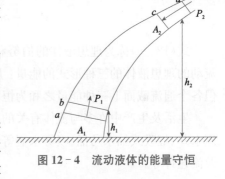

图 12-4　流动液体的能量守恒

设在极短的时间 Δt 内,截面 A_1 以速度 v_1 从 a 位置运动到 b 位置;同样,截面 A_2 以速度 v_2 从 c 位置运动到 d 位置。也可以理解在 Δt 时间内,ac 段液体流到了 bd 位置。

则液体在 Δt 时间流过两个截面上的体积分别为

$$\Delta V_1 = A_1 v_1 \Delta t$$

$$\Delta V_2 = A_2 v_2 \Delta t$$

由液体的连续性原理可知 $\Delta V_1 = \Delta V_2 = \Delta V$。

理想液体做恒定流动,经过 Δt 时间后,ac 段液体流到了 bd 位置,由于是理想液体作恒定流动,bd 段液体的所有力学参数均未发生任何变化,液体动能与势能的改变主要体现在 ab 和 cd 段的差别上。其动能增加量为

$$\Delta E_k = \frac{1}{2}\rho v_2^2 \Delta V - \frac{1}{2}\rho v_1^2 \Delta V$$

势能变化量为

$$\Delta E_p = \rho g h_2 \Delta V - \rho g h_1 \Delta V$$

Δt 时间内外力对两段液体做的功分别为

$$W_1 = F_1 v_1 \Delta t = P_1 A_1 v_1 \Delta t = P_1 \Delta V$$

$$W_2 = -F_2 v_2 \Delta t = -P_2 A_2 v_2 \Delta t = -P_2 \Delta V$$

由于做功是能量转化的量度,所以有

$$W_1 + W_2 = \Delta E_k + \Delta E_p$$

即

$$(P_1 - P_2)\Delta V = \frac{1}{2}\rho(v_2^2 - v_1^2)\Delta V + \rho g(h_2 - h_1)\Delta V$$

所以得

$$P_1 + \frac{1}{2}\rho v_1^2 + \rho g h_1 = P_2 + \frac{1}{2}\rho v_2^2 + \rho g h_2 \tag{12-8}$$

或写为

$$P + \frac{1}{2}\rho v^2 + \rho g h = C = 恒值 \tag{12-9}$$

式(12-9)称为理想液体的伯努利方程。伯努利方程表达的是在密封管道内作恒定流动的理想液体的三种形式的能量：压力能、位能、和动能，在流动过程中可以相互转化，但各个通流截面上三种能量之和为恒定值。

生活及生产中许多与流体有关的仪器、装置或设备的应用都是基于伯努利方程的，如压水井、虹吸式抽水马桶、喷雾水壶等；工业生产中常用的测量流体流量和流速的流量计及流速计等。

项目实施

液压系统的设计与实现以流体力学为理论基础。理解流体静力学及动力学中相关理论、规律及方程有助于理解液压系统的工作原理及正确的对液压系统进行设计、计算和实现零部件的选型。

一、实施示例

1. 简单液压系统的工作原理

如图12-5所示是一个具有基本环节的简单液压系统，由液压油箱、液压泵、液压油管、液压缸等组成，而液压缸又包括缸套、活塞及活塞杆等几个基本部分。

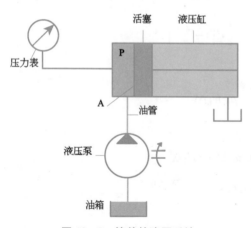

图12-5　简单的液压系统

液压泵从油箱连续不断将液压油通过油管供给液压缸，液压缸的进油腔进满液压油后，活塞受到液压油压力的作用，但是由于活塞杆右端与被驱动的负载相连，受到负载的阻碍作用，在液压油压力不足以克服负载阻力时，活塞杆并不能驱动负载向右运动；液压泵持续将液压油泵进液压缸，液压油对活塞的压力会不断增加，压力升高到足以克服外界负载时，活塞便向右运动，当负载运动起来之后，如果液压油对活塞的压力继续增加与负载阻力相等，则活塞将驱动负载作匀速运行；但是由于活塞移动，液压缸的进油腔容积会不断增大，如果进油腔容积的增加超过液压泵的供油，则活塞受到的压力会下降，如果液压缸进油腔容积的增加量正好容纳了液压泵的连续供油量，压力就不再升高，始终保持相应值，驱动负载匀速运动。

液压系统中液压缸通过活塞杆驱动负载直接作直线运动，不用像电机一样需要通过传动装置将旋转运动再转换为直线运动，因为输出环节更加简单。同时，液压系统驱动负载不需大量电力供应，在电力供应不便的场合尤其方便，所以液压驱动广泛地被应用于野外作业的工程机械中,是机械工程领域重要的驱动方式之一。

2. 汽车制动的工作原理

汽车制动的工作原理与液压千斤顶的工作原理类似,都是应用了帕斯卡定理,利用连通的容器,在小活塞端施加较小的力就能在大活塞端产生较大的力以实现车轮的制动。如图 12-6 所示为汽车制动结构示意图。

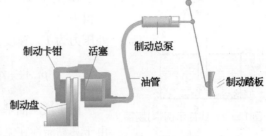

图 12-6　汽车制动示意图

司机通过制动踏板将力施加在制动总泵的活塞上,根据帕斯卡定理可知,活塞上产生的等量压强通过泵中的液体等量地传递给油管另一端的大活塞,由于大活塞的面积比制动总泵中小活塞的面积大得多,因此液体施加在大活塞上压力要远大于司机踩制动踏板的力,制动卡钳在大活塞的推动下夹紧与车轮一起转动的制动盘,从而导致车轮被刹紧。

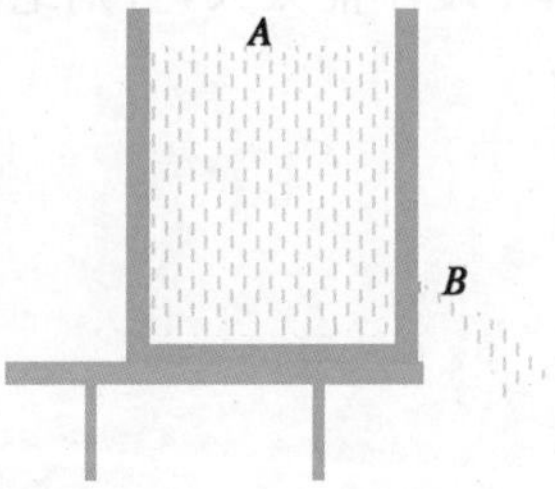

3. 伯努利方程的应用一

如图 12-7 所示,一个开口容器中装有一定高度的液体放置于桌面上,液面高度为 h_1,容器底部开有一小孔,高度为 h_2,试计算小孔中水流的速度。

解:设容器中液面和小孔处分别为 A 和 B 处,由伯努利方程可知

图 12-7　实施示例(3)题图

$$P_A + \frac{1}{2}\rho v_A^2 + \rho g h_1 = P_B + \frac{1}{2}\rho v_B^2 + \rho g h_2$$

由于容器开口,所以液面 A 及小孔 B 处的压强都是标准大气压强,设为 P_0,则有

$$P_0 + \rho g(h_1 - h_2) = P_0 + \frac{1}{2}\rho v_B^2$$

可算得小孔处水流速度为

$$v_B = \sqrt{2g(h_1 - h_2)} = \sqrt{2gh}$$

小孔流速的测定实验就是著名的托里拆利实验,上式称为托里拆利定律。托里拆利定律的本质是能量守恒定律,由小孔流出的液体的动能来源于液体的重力势能,在液体从小孔流出的过程中互相转化且保持机械能总和恒定。

4. 伯努利方程的应用二

液压系统中的液压泵是将油箱里的液压油经由油管供给系统中的执行机构的装置,根据伯努利方程可以计算液压泵的允许的最大吸油高度,解决的是液压泵的吸油口的所具有的空气压强与标准大气压强的差值(又称真空度)如何设置的问题。

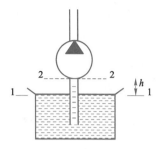

图 12-8 实施示例(4)题图

液压泵与油箱相对位置如图 12-8 所示,取油箱液面为 1-1 截面,油管与泵连接部分液面为 2-2 截面,设 1-1 截面面积为 A_1、外压力为 P_1、速度为 v_1、截面,2-2 截面面积 A_2、外压力为 P_2、速度为 v_2,则有

$$p_1 + \frac{1}{2}\rho v_1^2 = p_2 + \rho g h + \frac{1}{2}\rho v_2^2 + \rho g h_w$$

由于液压油基本上都具有较大黏度,式中 $\rho g h_w$ 是指液压油由于其黏滞性在流动过程中产生的内摩擦而消耗的能量。这里 P_1 就等于一个标准大气压 P_0,且油箱液面没有流动速度为 0, 即 $v_1 = 0$。所以上式化简得

$$p_0 - p_2 = \rho g h + \frac{1}{2}\rho v_2^2 + \rho g h_w$$

该式即为液压泵真空度的计算式,表达了液压泵内部空气压力与大气压之间的差值,而归根结底是要合力设置液压泵的吸油高度。液压泵吸油口的真空度不能太大,否则绝对压力太小,会导致液压泵噪声太大,吸油高度一般应小于 500 mm。

二、实施练习

(1) 学习相关理论知识,思考下列问题。

① 液体有哪些物理性质?

② 什么是液体的静压力?

③ 帕斯卡定律是关于什么的描述? 试举出几种帕斯卡定律在生活或生产中的应用。

④ 什么是理想液体? 理想液体与实际液体的本质区别是什么?

⑤ 怎样理解理想液体的恒定流动?

⑥ 什么是理想液体的连续性原理? 试举出几种理想液体连续性原理在生活或生产中的应用实例。

(2) 一台水压机的大、小活塞的面积分别为 200 cm² 和 50 cm²,要在大活塞上产生 3 000 Pa 的压强,则在小活塞上应该施加的压力为多少?

(3) 液压千斤顶的小活塞上受到 7×10^6 Pa 的压强,如果大活塞的横截面积是 200 cm²,则此时大活塞上产生的压力为多少?

(4) 粗细不均匀的管道中,粗处的截面直径是细处截面直径的 4 倍,如果水在粗处的流速是 25 m/s,则在细处的流速为多少? 水管粗、细处管内水的压强差为多少?

(5) 室内总供水管里的水压强为 $P = 4.0 \times 10^5$ Pa,水管的内直径为 2.0 cm,将水引入 3 m 高处的二楼房间,其水管内直径为 1.0 cm。当房间水龙头完全打开时,水流速为 6.0 m/s。求二楼房间水龙头关闭及完全打开时二楼房间水管内的压强差。

要点小结

(1) 液体只有在流动时才会有黏滞性,因为液体流动,液体质点间有相对运动才会产

生内摩擦力。

（2）流体静力学中说的静止液体是指液体不流动,液体的内部质点间没有相对运动,而不考虑盛装液体的容器是否运动。

（3）伯努利方程的意义:

① 伯努利方程的本质上是功能原理在流体力学中的应用,式(12-9)中,P 表示单位体积流体流过细流管外压力所做的功;$\rho g(h_1 - h_2)$ 表示单位体积流体流过细流管重力所做的功;$\frac{1}{2}\rho(v_2^2 - v_1^2)$ 表示单位体积流体流过细流管后动能的变化量;外力重工等于动能变化量,符合动能定理的描述。

② 如果伯努利方程应用于流体静力学(即不考虑液体流速)就是连通器原理。

③ 伯努利方程是流体力学中的基本关系式,反映的是流管中各截面处,压强 P、截面高度 h 和液体流速 v 之间的关系。

项目十三　气体的性质及其应用

项目描述

由气体做能源驱动实现机构的动作是一种气动方式,气动驱动是家用或工业用设备的三大驱动方式之一。气动设备在工业控制中有许多应用,比如气动过滤器、气动夹具、各类气动车床(冲床、压床)等。

气体与液体同样都属于流体,在许多物理性质和运动规律上都与液体类似,理想液体的某些规律如帕斯卡定律一样适用于理想气体。但是相比液体,气体的分子间距比液体更大,非常容易压缩。并具有无限的膨胀性,各种不同的气体容易彼此混合产生均匀的混合气体,不存在黏滞性等,因此气体有一些独有的物理性质。

本项目旨在描述表达气体性质的状态参量,气体状态参量间的关系特性及理想气体的状态方程及其相关应用。

相关理论

一、气体的状态参量

用来表达气体性质的物理量称为气体的状态参量。和气体的性质密切相关的主要状态参量包括体积、温度和压强。

1. 温度

温度是用来表示气体的冷热程度的量,表达的是气体内部分子做无规则运动的剧烈程度,一般来说,温度越高,气体分子的热运动就越剧烈,分子运动产生的平均动能就越高。

温度的数量表示有两种方法,对应的单位也有两种。

1) 摄氏温标

摄氏温度表示法是摄尔萨斯和施勒默尔提出的,摄氏温度将冰水混合物的温度定为0℃,水沸腾时的温度定为100℃,0~100℃之间100等份,每一等份为1摄氏度(1℃),所以采用摄氏温标的温度表示法单位是"摄氏度(℃)"。

2) 热力学温标

热力学温标又叫绝对温标,用"T"表示,是英国物理学家开尔文提出的,单位是"开尔文",简称"开",符号为"K"。

热力学温标和摄氏温标表示温度,相邻两个温度之间的间隔是相同的,也就是物体升高或降低的温度用开尔文和摄氏度表示在数值上是相同的。热力学温度 T 与摄氏温度 t 之间有确定的数量关系:

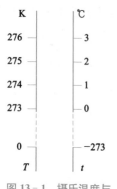

图 13-1 摄氏温度与热力学温度的数量关系

$$T = t + 273.15 \text{ K} \qquad (13-1)$$

为了计算方便,式中通常 273.15 直接取 273。

2. 体积

体积对于一般物体来说是表达物体几何尺寸的物理量,而气体由于没有固定的形状,所以气体体积一般是指气体充满容器时,容器的容积,用符号"V"表示。

体积的单位在国际单位制中是"立方米(m^3)",常用的还有"立方厘米(cm^3)"等。如果是容器的容积表达气体体积,单位还有"升(L)"或"毫升(mL)"。两种单位之间可以互相转换,比如

$$1 \text{ L} = 10^3 \text{ mL} = 10^{-3} \text{ m}^3$$

$$1 \text{ mL} = 10^{-6} \text{ m}^3 = 1 \text{ cm}^3$$

3. 压强

压强是指单位面积上的压力,描述的是物体的力学特性。气体分子做无规则热运动过程中,频繁撞击容器壁产生压力,气体的压强指的是气体作用在容器壁的单位面积上的压力,用符号 P 表示。其单位是"帕斯卡(Pa)",因为压强是压力与压力的作用面的面积的比值,所以 Pa 与 $N \cdot m^{-2}$ 是等价单位。另外压强的常用单位还有标准大气压、毫米汞柱等。

对于一定质量的气体,如果三个参数都不变,就可以说气体的状态没有发生变化,如果三个状态参数中有一个发生变化,都可以说气体的状态发生了改变。

二、气体状态参量之间的关系

气体的三个重要参数之间有着紧密的联系,如果需要研究三个物理量之间的关系,采

用的做法总是保持一个量不变,来研究其他两个量之间的关系,然后综合研究结果得出三者之间的关系。

1. 气体的等温变化

在温度不变的情况下,气体体积与强压之间的关系由**波意耳定律**规定:一定质量的气体,在温度保持不变的情况下,气体的压强 P 与体积 V 成反比,或者说压强 P 与体积 V 的乘积保持不变。表达式写为

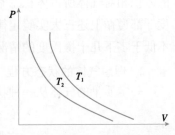

$$PV = C = 常量 \qquad (13-2)$$

如图 13-2 所示,是气体在温度不变的情况下气体体积与强压之间的关系曲线图,称为气体的 $P-V$ 图像。

图 13-2 恒温下的气体 $P-V$ 图像

图中的 T_1、T_2 代表是两种不同的温度,在每种温度下,气体的压强与体积都是成反比的,气体的压强会随着体积的增加而减小。

2. 气体的等容变化

气体在体积不变的情况下,气体压强与温度之间的关系由**查理定律**描述:一定质量的气体,在体积保持不变的情况下,气体的压强 P 与其热力学温度 T 成正比,$P \propto T$。表达式可写为

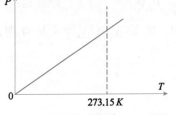

$$\frac{P}{T} = C = 恒值 \qquad (13-3)$$

图 13-3 所示为气体在容积一定时,其压强与热力学温度的关系曲线,称为 $P-T$ 曲线。

图像的坐标原点处表示,恒容下,气体压强为 0 时

图 13-3 恒容下的气体 $P-T$ 图像

其开氏温度也正好为 0。事实上,实验研究证明当气体的压强不太大(相当于标准大气压几倍的压强都视为不算大),温度不太低(零下几十摄氏度可视为不算低)的情况下,气体 $P-T$ 图像坐标原点代表的温度就是开氏零度。

3. 气体的等压变化

一定质量的某种气体,在压强 P 保持不变的情况下,气体的体积 V 与热力学温度 T 成正比,这一关系称为**盖-吕萨克定律**。表达为

$$\frac{V}{T} = C = 恒值 \qquad (13-4)$$

如图 13-4 所示,等压情况下气体的 $V-T$ 图像也是一条过原点的斜线。

三、理想气体的状态方程

1. 理想气体

气体在等压、等温及等容下获得的另外两个状态变量之间的关系定律,被称为气体实验定律,是在压强不太大,

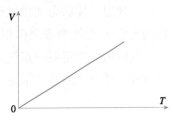

图 13-4 恒压下的气体 $V-T$ 图像

温度不太低的情况下总结出来的,因此实际检测结果与采用定律计算出来的结果有较大的出入,所以要想采用上述三大定律,需要对气体温度及压强进行限定。

为了方便定律的应用,假设被研究气体分子之间没有互相吸引力及排斥力,气体分子的体积相对气体所占体积忽略不计的气体称为**理想气体**。理想气体在任何压强、任何温度下都遵循上述三大实验定律。一般,实际气体在气压不太大(小于 101.325 kPa)、温度不低于零下几十摄氏度的情况下都可看作理想气体。

2. 理想气体的状态方程

一定质量的气体从一种状态变换到另一种状态,可能其温度、压强和体积都会发生改

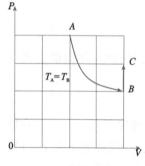

图 13-5　气体状态发生变化
从 *A* 变化到 *C*

变。假设有一定质量的某理想气体,从 *A* 状态变化到 *B* 状态建立量 一个等温的过程,而从 *B* 状态变化到 *C* 状态经历了等容的过程,如图 13-5 所示。

分别用 P_A、V_A、T_A 和 P_B、V_B、T_B 以及 P_C、V_C、T_C 表示气体在 *A*、*B*、*C* 三个状态的状态参量。

气体则从 *A* 状态变化到 *B* 状态,$T_A = T_B$,满足波意耳定律,有

$$P_A V_A = P_B V_B$$

气体则从 *B* 状态变化到 *C* 状态,$V_B = V_C$,满足查理定律,有

$$\frac{P_B}{T_B} = \frac{P_C}{T_C}$$

联合上面两个表达式,消去 P_B 得

$$\frac{P_A V_A}{T_A} = \frac{P_C V_C}{T_C} \tag{13-5}$$

式(13-5)表达的是理想气体从初状态变化到末状态是它的三个状态参量之间的关系,即气体压强与体积的乘积比上温度是一个恒值,该式被称为**理想气体的状态方程**,也可以表达为

$$\frac{PV}{T} = C = 恒值 \tag{13-6}$$

当理想气体状态变化过程中保持任意一个参量不变时,就可从气体的状态方程分别得到玻意耳定律、查理定律和盖-吕萨克定律的结论。

气体的一个重要特点就是几种气体容易混合成为均匀的混合气体,则混合气体的状态方程也可由几部分气体的状态方程叠加得到,即

$$\frac{PV}{T} = \frac{P_1 V_1}{T_1} + \frac{P_2 V_2}{T_2} + \cdots\cdots \tag{13-7}$$

其中，$\dfrac{PV}{T}$ 为混合后气体的状态方程，$\dfrac{P_iV_i}{T_i}$ 为组成混合气体的各部分气体的状态方程，该结论是理想气体状态方程的一个重要推论。

项目实施

一、实施示例

气压传动系统是指以压缩空气为工作介质进行能量传递和控制的一种传动形式。作为流体的一种，气体的基本特性与液体类似，理想气体满足流体静力学中帕斯卡定律及气体状态方程，是实现气压传动系统设计的理论基础，掌握气体的物理性质、表达气体性质的状态参量，及相关的规律和方程是合理设计与使用气动系统的关键。

1. 气动系统的基本结构及原理

气压系统利用空气压缩机将空气转化为高压气体，在控制元件的控制和辅助元件的配合下，通过执行元件把高压空气的内能转变为机械能，从而完成直线或回转运动以驱动外带负载。气动系统的基本结构如图 13 - 6 所示。

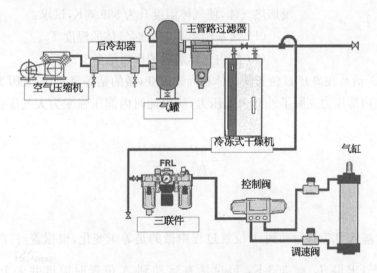

图 13 - 6　气动系统的基本结构

气动系统中空气压缩机产生高压空气并在气罐中存储；三联件是指分水过滤器、油雾器及减压阀，分水过滤器的作用是将空气中的水分分离出来，并可除去高压空气中的灰尘及杂质；油雾器的是将润滑油以雾状形式喷射出来以便随压缩空气进入需要润滑的部件；减压阀的作用是对高压空气减压和稳压。经过三联件的高压空气经过控制阀进入气缸的进气腔通过活塞推动活塞杆达到驱动与活塞杆相连的外负载动作的目的。

2. 气动系统的基本计算一

用一活塞将一定质量的理想气体封闭在水平固定放置的气缸内，开始时气体体积为

V_0,温度为 27℃。在活塞上施加压力,将气体体积压缩到 $\frac{2}{3}V_0$,温度升高到 57℃。设大气压强 $P_0 = 1.0 \times 10^5$ Pa,活塞与气缸壁摩擦不计。

(1) 求此时气体的压强 P_1;

(2) 保持温度不变,缓慢减小施加在活塞上的压力使气体体积恢复到 V_0,求此时气体的压强 P_2。

解:(1) 由理想气体的状态方程有 $\dfrac{P_0V_0}{T_0} = \dfrac{P_1V_1}{T_1}$。

$T_0 = 27 + 273 = 300$ K,$T_1 = 57 + 273 = 330$ K,所以 $P_1 = 1.65 \times 10^5$ Pa。

(2) 温度不变,由玻意耳定律有 $P_1V_1 = P_2V_0$,所以,$P_2 = 1.1 \times 10^5$ Pa。

3. 气动系统的基本计算二

如图 13-7 所示,水平放置的气缸内表面光滑,用一活塞密封着一定质量的理想气体,气缸的 AB 两处设有限制装置导致活塞只能在 AB 之间滑动,活塞厚度不计,初始时处于 B 位置,气体体积为 V_0,压强为 0.9 倍标准大气压,温度 T_1 为 297 K。设 AB 间的容积为 $0.1V_0$,现缓慢加热气体,使气体温度升为 399.3 K,试求:

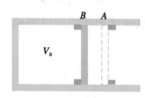

图13-7 实施示例(3)题图

(1) 活塞刚离开 B 处时气体的温度 T_2。

(2) 缸内气体最后的压强是多少?

解:(1) 活塞在离开 B 位置瞬间体积尚未改变,做的是等容变化,又因为活塞动起来的瞬间活塞内部压力克服了外部大气压力,所以此时内部压强变为大气压强 P_0,根据查理定律有:

$$\frac{0.9P_0}{T_1} = \frac{P_0}{T_2}$$

解得 $T_2 = \dfrac{T_1}{0.9} = 330$ K。

(2) 活塞从 B 位置运动到 A 位置过程中做的是等压变化,根据盖-吕萨克定律可知 $\dfrac{V_0}{T_2} = \dfrac{1.1V_0}{T_3}$,求得 $T_3 = 363$ K,可见活塞运动到 A 位置时温度并未上升至要求的 399.3 K,因此活塞不再运动时,气体的状态继续做等容变化,得 $\dfrac{P_0}{T_3} = \dfrac{P_4}{T_4}$,这里 $T_3 = 399.3$ K,解得 $P_4 = 1.1 P_0$。

4. 气动系统的基本计算三

已知汽车轮胎内原有空气的压强为 1.5 个大气压 P_0,温度为 20℃,体积为 20 L,现向轮胎内充气,充气后,轮胎内空气压强增大为 5.5 个大气压,温度升为 25℃,如果充入的空气温度为 20℃,压强为 1 个大气压,则需充入多少升这样的空气?(设轮胎充气后体积不发生变化)

解：可按照混合气体的状态方程式(13-7)来求解，轮胎内充气后的空气与充气前的空气一起形成混合气体。

已知充气前的空气状态为 $P_1 = 1.5 P_0$，$T_1 = 20 + 273 = 293\ \text{K}$，$V_1 = 20\ \text{L}$，

充气后的混合空气状态为 $P = 5.5 P_0$，$T = 25 + 273 = 298\ \text{K}$，$V = 20\ \text{L}$，

需要充入的空气状态为 $P_2 = P_0$，$T_2 = 20 + 273 = 293\ \text{K}$，$V_2$ 未知，

根据式(13-7)可得

$$\frac{PV}{T} = \frac{P_1 V_1}{T_1} + \frac{P_2 V_2}{T_2}$$

$$\therefore \frac{5.5 P_0 \times 20}{298} = \frac{1.5 P_0 \times 20}{293} + \frac{P_0 V_2}{293}$$

$$\therefore V_2 = 78.41\ \text{L}$$

二、实施练习

(1) 学习相关理论知识，思考下列问题。

① 气体作为流体之一，试分析其物理特性与液体的相似及不同之处。

② 气体的状态参量主要有哪些？是怎样定义的？其单位是什么？

③ 解释什么是理想气体？

④ 试描述气体的三大实验定律。

⑤ 什么是理想气体的状态方程？气体的状态方程与三大实验定律之间有什么联系？

(2) 冬天，晚上在热水瓶倒入半瓶热水，第二天发现瓶口的软木塞很紧，不易拔出，试解释其原因。

(3) 用一活塞将一定质量的理想气体封闭在气缸内，初始时气体体积为 $3.0 \times 10^{-3}\ \text{m}^3$，气体的温度和压强分别为 300 K 和 $1.0 \times 10^5\ \text{Pa}$。推动活塞压缩气体后，测得气体的温度和压强分别变为 350 K 和 $1.0 \times 10^5\ \text{Pa}$。

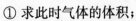

① 求此时气体的体积；

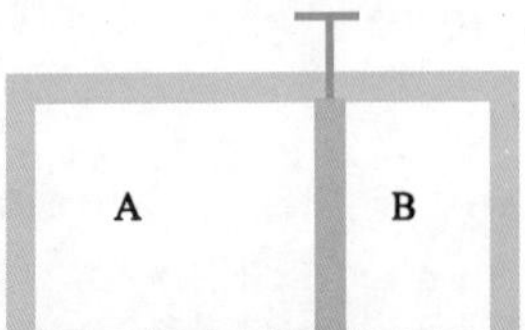

图 13-8　实施练习(4)题图

② 保持温度不变，缓慢改变作用在活塞上的力，使气体压强变为 $0.7 \times 10^5\ \text{Pa}$，求此时气体的体积。

(4) 如图 13-8 所示，有一气缸被活塞分隔成 AB 两部分，活塞用销钉固定，AB 两部分体积比为 2∶1，A 中气体温度 127℃，压强为 1.8 个大气压，B 中温度为 27℃，压强为 1.2 个大气压。如果将销钉拔掉，活塞在缸内无摩擦滑动，活塞停止时气体温度为 27℃，求此时气体的压强。

(5) 如图 13-9 所示，直径均匀的 L 形直角玻璃管，壁厚不计，水平端封闭，竖直端开口，用水银柱将一定质量的空气封于管内，空气柱长度 4 cm，水银柱竖直高 58 cm，水平段长 2 cm，此

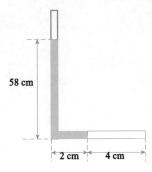

58 cm

2 cm　4 cm

图 13-9　实施练习(5)题图

时封闭空气温度为 87℃,设大气压强为 75 cmHg,试求:

① 此时封闭空气的压强。

② 如果要使得封闭空气的长度变为 3 cm,则温度需要多少摄氏度?

要点小结

一、气体压强的微观意义

气体的压强是大量的气体分子频繁地碰撞容器器壁而产生的,是大量的气体分子作用在器壁单位面积上的平均作用力。单位体积内的分子数越多,气体的平均速率越大,气体的压强越大。

二、气体分子运动的特点

分子间的碰撞十分频繁;分子间的距离较大,因此分子间的相互作用力很微弱;分子沿各个方向运动的机会均等,因此向各个方向的压力是均匀的;分子的速率按"中间多,两头少"的规律分布。

三、理想气体的特点

(1) 在温度不太低,压强不太大时实际气体都可看成是理想气体。

(2) 理想气体的微观本质是忽略了分子力,没有分子势能,理想气体的内能只有分子动能。

(3) 一定质量的理想气体的内能仅由温度决定,与气体的体积无关。